广州市哲学社会科学"十一五"规划课题研究成果
中等职业教育*酒店服务与管理专业*系列教材（**项目课程**）

咖啡调制

KAFEI TIAOZHI

主　编　张粤华
副主编　李伟慰　麦泉生

重庆大学出版社

内容提要

本书立足于中职学生的学习特点，设计相关活动，旨在让中职学生通过本书的学习能够成长为一名合格的Barista咖啡师（职业技能鉴定等级四级），并且在相关知识的延伸学习中，学生还可以获取更多的咖啡相关知识储备，为晋升为高级咖啡师和从事咖啡行业相关工作奠定技能基础。

本书作为中等职业学校高星级饭店运营与管理专业和旅游酒店类专业的学生教材，也可作为咖啡行业人员的培训用书。

图书在版编目（CIP）数据

咖啡调制 / 张粤华主编. — 重庆：重庆大学出版社，2013.7 (2022.7重印)
中等职业教育酒店服务与管理专业项目课程系列教材
ISBN 978-7-5624-7318-3

Ⅰ. ①咖… Ⅱ. ①张… Ⅲ. ①咖啡—配制—中等专业学校—教材 Ⅳ. ①TS273

中国版本图书馆CIP数据核字（2013）第074115号

中等职业教育酒店服务与管理专业项目课程系列教材
咖啡调制
主　编　张粤华
副主编　李伟慰　麦泉生
责任编辑：顾丽萍　　版式设计：顾丽萍
责任校对：谢　芳　　责任印制：赵　晟
*
重庆大学出版社出版发行
出版人：饶帮华
社址：重庆市沙坪坝区大学城西路21号
邮编：401331
电话：（023）88617190　88617185（中小学）
传真：（023）88617186　88617166
网址：http：//www.cqup.com.cn
邮箱：fxk@cqup.com.cn（营销中心）
全国新华书店经销
重庆五洲海斯特印务有限公司印刷
*
开本：720mm×960mm　1/16　印张：9.25　字数：171千
2013年7月第1版　　2022年7月第4次印刷
印数：6 001—6 500
ISBN 978-7-5624-7318-3　定价：39.80元

◎ 系列教材编委会 ◎

【总　序】

广州旅游业的地域优势，给酒店业发展创造了巨大的想象空间。目前国际排名前十位的国际酒店集团已陆续进入广东省，酒店行业形成了国际化的群雄纷争的局面。酒店业的迅速发展，给“酒店服务与管理”专业提出了新的要求，这种新要求不仅仅体现在对于酒店业人才的巨大需求上，更突出体现在对于酒店业人才“质”的要求上。

1.酒店业的经营导向发生转变

酒店业已从提供基本的服务功能为主的产品导向，发展到以满足不同层次、类型需求为主的市场导向，进而趋向塑造服务品质为主的品质导向的高层次质量竞争，酒店的经营服务发展方向趋向综合性、多元化、多功能，以满足宾客追求更高层次的需求，如希望在酒店文化氛围中得到自尊和满足。以往，酒店企业需要的是“按部就班”完成接待任务的守纪员工，而现在更多的要求是“全才”型员工。

2.现代科技成果运用于酒店的设备设施和服务方式

酒店行业科技含量正日趋提高，这就要求酒店业人才培养方面，在新课程的构建上突出对于新技术的应用，使学生符合行业科技发展的要求。

3.酒店接待服务不仅要求规范化，更是个性化服务的竞争

中国饭店“金钥匙”组织的服务理念是要“在客人的惊喜中找到富有的人生”，中职学校酒店服务与管理专业的学生就不仅要掌握规范的专业服务能力，而且还要具备良好的职业道德素养和结合专业的个性化服务，这样才能为宾客提供更加优质的服务。

酒店业发展的国际化竞争，对人才培养提出了更高要求，现有课程的设置与实施，由于注重技能训练而有利于标准化的学习程序，却忽视了工作情境的创设，因而满足不了个性化、综合化服务的实践需要。因此，课程建设的方向就是让学生在创设的工作情境中开展以真实服务内容为载体的实践性学习，明确岗位指向，厘清职业标准，使教学与企业实际紧密结合，搭建人才培养与使用的“供应链”。

《旅游商贸类项目课程研究》是广州市哲学社会科学“十一五”规划课

题，笔者作为广州市旅游商务职业学校课题主持人，在4个专业开展了深入研究，其中《酒店服务与管理专业项目课程研究》荣获教育部全国“十一五”规划课题一等奖。该套教材作为课题研究的成果终于和大家见面了。

该套教材的特点是以培养职业能力为目标，通过对酒店服务领域的系统分析，按照酒店服务岗位的工作结构及岗位间的逻辑关系和课程结构作整体的设计，在完成学习与工作任务时达到职业能力的提升。课程内容以服务过程中知识结构关系组织，教师通过服务过程中设计的服务实践任务，有机融合实践与理论知识。由于理论知识的学习是建立在工作任务完成的基础上，能够激发学生学习的成功感，提高学习兴趣。在完成工作任务的过程中，需要自主学习，小组合作，共同制订完成任务的方案，讨论任务实施的程序，培养学生合作、探究、研讨的能力，在真实服务任务的学习过程中完成学生综合职业能力的培养。

该套教材在开发过程中得到了许多酒店行业专家的参与和支持，在此表示深深的谢意。

广州市旅游商务职业学校
付红星
2013年1月

【推荐序】

咖啡文化在中国

“咖啡”，一个令人无限想象的名词，她代表了品味，代表了时尚，更代表着无数人的努力付出和追求……

当我知道广州市旅游商务职业学校邀请我为本书写序言时，真的十分感动！我的感动除了因为荣誉，更多的是因为预知在广州市旅游商务职业学校的引领教育下，咖啡文化的发展将会得以普及，行业人才的短缺将会得以缓解。

自16世纪咖啡被世人发现，随着时光的推进，这种奇异的植物饮料逐渐演变成品位和身份的代名词。在国外，无论是商界名人或政坛代表，在作出重要决定时，咖啡都是其最亲密的搭档之一。

进入21世纪之后，在全球化浪潮的冲击下，咖啡文化更是逐步成为通行全球的日常消耗品。巴黎、伦敦、纽约、东京、香港、北京、广州……不同的城市，氤氲着相同的咖啡芬芳。

在当下的中国，致力发展咖啡文化已不只是商业行为，教育界在参与实施，政府也在大力支持。如杭州西餐文化节，海南、云南、北京和广州咖啡行业都得到政府的大力支持。更值得兴奋的是，除中国各界人士鼎力支持外，作为咖啡发源地的埃塞俄比亚的总领事、被誉为世上最好的咖啡的蓝山咖啡产地牙买加的大使也为在中国弘扬咖啡文化不遗余力。在各界鼎力支持下，咖啡文化普及全国指日可待。选择成为咖啡从业者，是一个有经济前瞻性与艺术性的选择。

你做好准备没有？

有人说：“选择”永远比“努力”重要！

这一句话引起了无数的争议，但用于衡量我们的工作选择时是最恰当不过了！选择一个朝阳无限的行业远比在夕阳行业中努力求存明智百倍！

咖啡市场的供求关系是咖啡行业发展的一个关键因素。基于咖啡文化在国内的急速发展，行业人才供不应求，选择成为出类拔萃的咖啡师，无疑跳出了传统行业的竞争“红海”，为自身开辟一片人生的“蓝海”领域。

咖啡毕竟是一种“舶来品”，人们对它的认知还比较陌生。但是有越来越多的有识人士和机构，正在逐步破解咖啡文化的内在奥秘。今天，我在广州市旅游商务职业学校身上，看到了一种执着于咖啡文化教育与推广的信心。衷心感谢广州市旅游商务职业学校各位领导、老师和学生为咖啡行业的付出！

该校一贯秉持“校店合一”的教育理念，教育教学注重理论与实操相结合。理论教学，侧重于普及世界各地咖啡文化的知识，从而使同学们能站在宏观的角度去理解咖啡的起源和现今世界各地咖啡的发展趋势；专业实操崇尚“技术”，让同学们在模拟的咖啡吧中，出品现今世界上最受欢迎的咖啡饮品。理论与实操的全面培训，使同学们在学习的过程中，得以全面了解一杯咖啡饮品诞生的全过程。因此，接受正规的咖啡师职业课程培训，才能“内外兼修”，成为一名合格的咖啡技师。

千里之行，始于足下。虽然成为优秀咖啡师的路途艰辛，但在这个过程中却有着各种各样的精彩体验，您是否已经做好准备，争取成为一名弘扬中国咖啡文化的中坚力量呢？

广州咖啡行业协会副会长
汤锦卿
2013年1月

【前　言】

进入新世纪以来，咖啡产业在中国发展非常迅速，咖啡馆如雨后春笋般在各地诞生。伴随着国际知名咖啡品牌的进驻，咖啡文化更是深入人心。作为一种日常饮品，咖啡的调制也一定能够获得国人的青睐。咖啡师成为众多年轻人向往的职业，因为它不但有很强的技术含量和艺术感，更能够增加生活的品位。

本书是广州市旅游商务职业学校酒店服务与管理专业开展项目课程研究的成果之一。在学校付红星书记的带领下，依据酒店行业的发展规律，整合资源，以项目课程理论为指导构建了酒店服务与管理专业的系列项目课程，“咖啡调制”的项目课程实践研究也应运而生。

本书注重技能的培养，从咖啡店咖啡师的基本技能开始，综合考虑了行业的发展趋势及人才培养的实用性。采用国际主流的意式半自动咖啡机进行教学实践研究。突出了咖啡师工作岗位的典型工作任务，强调对咖啡制作和咖啡知识的认知，以提升咖啡师的咖啡饮品制作能力为主要目标。通过本书的学习，能够具备咖啡制作的能力，并且具备一定的咖啡厅设备维护能力。

本书的编写得到了行业专家和相关教师的大力支持，在此对各位专家和老师的努力表示衷心的感谢！特别要感谢广州咖啡行业协会和广州市旅游商务职业学校领导的支持！

本书由张粤华担任主编，李伟慰、麦泉生担任副主编，冯慧芳、张鸣秋参与编写工作。其中，张粤华负责模块一的工作任务的编写；冯慧芳负责模块二项目一的编写；麦泉生负责模块二项目二和模块四的编写；李伟慰负责模块三项目一至三的编写；张鸣秋负责模块三项目四和附录的编写。

鉴于本书编者的知识及技能的局限性，书中的不足和疏忽敬请读者指正！

编　者

2013年1月

目录

模块一　咖啡师工作区域

编前语

在国内许多大中城市，咖啡专业场所数量每年以20%左右的速度增长，咖啡业的发展潜力巨大。目前，国内咖啡师人才紧缺，手艺精湛的咖啡师更是成为市场中的抢手货，收入也比较高。就国外的情况而言，以意大利的咖啡师待遇为例，他们的待遇相当于意大利银行里的中层管理人员的工资待遇，而且意大利的咖啡师在社会上也有很高的社会地位，受到人们的尊敬。因为大家都知道，不是每一个人都可以做好咖啡的。

好的咖啡师一般有很多追随者，在一些咖啡厅，经常有客人就为了品尝某位咖啡师制作的咖啡慕名而来。中国人接触咖啡较早，但是与世界咖啡潮流的差距较大，咖啡师的能力及水平也参差不齐，正确认识咖啡师的职业，熟悉咖啡厅的设备及环境是实习咖啡师的基础性工作。

项目一　向咖啡师学习

【学习目标】

1. 理解咖啡师的发展历史及其含义；

2. 熟悉咖啡师的主要职业要求；

3. 能够通过体验咖啡师的工作场景而喜欢上咖啡师的职业。

【知识链接】

1. http://baike.baidu.com/view/221544.htm

2. http://www.livestream.com/worldbaristachampionship2010

【前置作业】

与一位咖啡行业从业人员交流，了解其从事咖啡工作的初衷是什么。课前将采访记录在组内进行分享，总结出至少3条从事咖啡工作的理由。

【想一想】

你认为咖啡师的核心工作能力是什么？

咖啡师所承载的咖啡文化元素有哪些？

【情景设计】

Eric的梦想是成为一名优秀的咖啡师，但是他只在家里接触过速溶咖啡，对咖啡制作技术没有接触，他想了解一名咖啡师应该具有哪些知识和技能，并且应该在哪些方面注意自己的技能培养。

【任务描述】

通过在咖啡厅的体验活动，品尝教师制作的咖啡，并通过观看视频资料总结

出咖啡师的主要素质。

【相关知识】

一、咖啡师职业介绍

（一）咖啡师的历史及职业定义

咖啡师的称谓并不是一开始就固定下来的，它是伴随着咖啡饮品制作工具及不同流派的形成而定型的。在国外，咖啡师被称为“Barista”，国内一般将其翻译成“百瑞斯塔”。约从1990年开始，英文采用Barista这个词来称呼制作浓缩咖啡相关饮品的专家。意大利文Barista，对应英文的Bartender（酒保）；中文称作咖啡师或咖啡调理师。Barista更早以前的称呼比较直接——浓缩咖啡拉把员（Espresso Puller）。这个名词的转变，或多或少是因为1980年以后生产的意式咖啡机大多不再有拉把。有些人认为Barista技巧的熟劣可由一杯浓缩咖啡中的咖啡油脂来评断。

在我国职业技能鉴定《咖啡师职业培训大纲》中是这样定义咖啡师的：咖啡师是指熟悉咖啡文化、制作方法及技巧，从事咖啡调配、制作、服务、咖啡行业研究、文化推广的工作人员。

在国外，咖啡师是极其受人尊重的职业，制作的不仅是一杯咖啡，也是在创造一种咖啡文化。他们主要在各种咖啡馆、西餐厅、酒吧等从事咖啡制作工作。

（二）咖啡师工作内容与职责

(1) 对咖啡豆进行鉴别，根据咖啡豆的特性拼配出不同口味的咖啡；

(2) 使用咖啡设备、咖啡物品制作咖啡；

(3) 为顾客提供咖啡服务；

(4) 传播咖啡文化。

二、咖啡师的职业要求

首先，要有很好的味觉和视觉鉴别能力。咖啡实际上有3 000多种味道，但主要的味道只有五味，即酸、香、苦、甘、醇。所以咖啡师要在几十秒的时间里把这五味都做出来，需要对豆、粉、油脂的观察及对机器有所了解。掌握好机器的温度、水的压力和咖啡豆的配比，各个环节都要配合好。

其次，经验对于一个好的咖啡师来说是很重要的。例如在制作意大利浓缩咖啡时，制作时间通常要控制在20～30秒。因为在这个时间段里，咖啡的口味等各个方面才是最佳的状态，如果时间过长，咖啡因的部分成分就开始析出，超过37秒咖啡因析出就开始直线上升。要想让咖啡因尽量少析出，咖啡师就得特别拿捏好这个时间。

另外，咖啡师要具有比较高的文化内涵，只有对咖啡有了正确的理解才能够对咖啡有更深层的创意和发挥。咖啡师要有艺术感觉，很多咖啡都是咖啡师在艺术灵感一闪念的时候制作出来的。

三、咖啡师的等级标准

（一）初级咖啡师

(1) 从事相关工作一年以上，经本职业初级咖啡师正规培训达规定标准学时数，成绩合格。

(2) 相关专业中专学历，连续从事本职业工作三年以上。

（二）中级咖啡师

(1) 取得本职业初级咖啡师资格证书后，连续从事本职业工作一年以上，经本职业中级咖啡师正规培训达规定标准学时数，成绩合格。

(2) 取得本职业初级咖啡师资格证书后，连续从事本职业工作两年以上。

(3) 相关专业中专学历，连续从事本职业工作五年以上。

(4) 相关专业大专及以上学历，连续从事本职业工作三年以上。

（三）高级咖啡师

(1) 取得本职业中级咖啡师资格证书后，连续从事本职业工作三年以上，本职业高级咖啡师正规培训达规定标准学时数，成绩合格。

(2) 取得本职业中级咖啡师从业资格证书后，连续从事本职业工作五年以上。

(3) 相关专业大专学历，连续从事本职业工作八年以上。

(4) 相关专业本科及以上学历，连续从事本职业工作五年以上。

【实操物品】

咖啡厅、多媒体设备、咖啡豆、牛奶。

物品名称	实物图示（图片仅供参考）	说　明
咖啡厅		能够容纳16～20人的咖啡实训室
多媒体设备		用来播放视频文件
咖啡豆		可以尝试使用不同口味的咖啡豆，或者是三大基豆（巴西、哥伦比亚、曼特宁）
牛奶		使用牛奶来制作牛奶咖啡
平滑的玻璃咖啡杯		使用透明、平滑的玻璃杯有利于观察奶泡的厚度和质感
卡纸、油性笔、胶布		用于小组取名的工作

【任务实施】

关于学：通过实物观察及提问，掌握咖啡师的基本能力要求，奠定未来学习的主要框架。

关于教：注重运用实物并提问，将学生按照不同的类型进行分组，每个小组4人。

工作流程

本任务主要是通过教师的提问和实操，通过观察咖啡豆，学习咖啡的基础知识，制作2～3杯不同类型的咖啡饮品，并亲自进行实操，学生模拟接受咖啡厅服务，树立学生对咖啡师职业的正确认识。最后通过播放一些视频资料，强化咖啡师的形象。

<table>
<tr><th colspan="2">流　程</th><th>具体要求</th></tr>
<tr><td rowspan="3">组成工作小组</td><td>给工作小组取名</td><td>1. 小组的每个成员必须要有自己的英文名字，并彼此之间进行自我介绍
2. 小组讨论确定一个有一定咖啡含义的小组名称
3. 为自己的小组绘制一幅宣传海报，包括小组成员的英文名字、小组的名字和小组的标志性图案</td></tr>
<tr><td>根据问题进行内部交流</td><td>1. 喝过哪些咖啡饮品?
2. 最喜欢的咖啡饮品是什么?
3. 为什么会喜欢学习咖啡技能，你未来的职业目标是什么?</td></tr>
<tr><td>小组分享</td><td>每个小组派出代表将小组成员的问题进行总结性发言，让全体学员能够清楚地了解成员对于咖啡的理解</td></tr>
<tr><td rowspan="2">观察咖啡豆</td><td>观察咖啡生豆</td><td>生豆的气味、颜色、外形的描述；每个小组提出3个涉及咖啡生豆的观察认识</td></tr>
<tr><td>观察烘焙后的咖啡豆</td><td>小组讨论描述咖啡豆的外表、气味及味觉，每个学生先在组内分享，填写工作记录表格，小组组织人员向全体同学分享学习成果</td></tr>
<tr><td rowspan="2">通过饮品认识咖啡师的要求</td><td>使用意式咖啡机制作咖啡饮品</td><td>首先制作意式浓缩咖啡，学生品尝，教师引导
再使用牛奶、巧克力、糖浆及各种酒水制作6款不同的经典咖啡饮品，由学生品尝并进行排序，选出最受欢迎的咖啡饮品
进行自由交流，填写《工作记录》，记录自己的感受</td></tr>
<tr><td>体会咖啡师的职业特点</td><td>提问：品尝咖啡饮品后，能否总结或找到刚才最喜欢的饮品的制作过程?
尝试在老师的帮助下制作最喜欢的咖啡饮品，并且进行比较
观看香港无线翡翠台拍摄的《品味咖啡》视频关于台湾咖啡冠军的采访特辑</td></tr>
</table>

➢ 工作记录

咖啡师职业要求		
步　骤	主要感受	注意事项
操作流程记录		

（一）实操过程记录
小组讨论记录：

（二）实践总结（300字左右）

教师的评价（涵盖优点和缺点，注重过程性评价的分值比例）：

教师的建议：

【小　结】

咖啡师的职业要求其要首先清楚咖啡的主要成分，学会品尝一杯黑咖啡，特别是意式浓缩咖啡，能够很好地描述咖啡的品质。作为咖啡师，还要熟练地制作各种不同的咖啡饮品，并能够根据客人的需要或咖啡的特点来调制属于自己咖啡馆特有的咖啡饮品。最后还要教会你的客人如何去品尝咖啡，并且让客人有一定的美好体会。

【知识拓展】

咖啡馆的历史

据资料，1645年的威尼斯诞生了欧洲第一家公开的街头咖啡馆。巴黎和维也纳也紧随其后，轻松浪漫的法兰西情调和维也纳式的文人气质各具一格，成为以后欧洲咖啡馆两大潮流的先导。咖啡馆的最突出处，是使原来上层社会封闭的沙龙生活走上了街头，在许多城市，它曾是最早的市民可以自由聚会的公共社交场所。人们在这里读报、辩论、玩牌、打桌球……著名的“咖啡馆作家”宣称自己的终身职业首先是咖啡馆常客，其次才是作家，去咖啡馆并不是为了喝咖啡，而是他们一种存在的方式。

从个性解放的自由旗帜卢梭、伏尔泰到当时的许多著名文人，都有自己固定聚会的咖啡馆。如现实派小说的奠基人狄更斯，以批判风格著称的作家巴尔扎克和左拉、毕加索，直至精神分析学大师弗洛伊德，一连串辉煌的名字，把欧洲近代数百年的文化发展史写在不同咖啡馆的常客簿上。有趣的是，咖啡馆竟然也有专业化的分工，咖啡馆的常客来自整个广义的“有闲阶级”，三教九流，各据一方，在形形色色的咖啡馆和缭绕的烟雾里寻找乐趣和知己。“绅士咖啡馆”“画家咖啡馆”“记者咖啡馆”“音乐咖啡馆”“大学生咖啡馆”“议员咖啡馆”“工人咖啡馆”“演员咖啡馆”“心理学家咖啡馆”等五花八门，各有各的气氛和风格。也可以这样说，咖啡馆——欧洲文明史的见证，甚至可以这样说，是咖啡馆所形成的环境孕育了许多欧洲文化。

随着第一粒咖啡豆被人们采摘下来、第一次焙烤、第一次研磨、第一次冲调和第一杯热咖啡醇香的飘散，有关咖啡种植和咖啡文化在我们这个小小的星球上

传播的传说，已经成为历史上最伟大、最浪漫的故事之一。有关咖啡起源的传说各式各样，不过大多因为其荒诞离奇而被人们淡忘了。但是，人们不会忘记，非洲是咖啡的故乡。咖啡树很可能就是在埃塞俄比亚的卡发省（KAFFA）被发现的。后来，一批批的奴隶从非洲被贩卖到也门和阿拉伯半岛，咖啡也就被带到了沿途的各地。可以肯定，也门在15世纪或是更早就已开始种植咖啡了。阿拉伯虽然有着当时世界上最繁华的港口城市摩卡，但却禁止任何种子出口！这道障碍最终被荷兰人突破了，1616年，他们终于将成活的咖啡树和种子偷运到了荷兰，开始在温室中培植。阿拉伯人虽然禁止咖啡种子的出口，但对内却是十分开放的。首批被人们称做“卡文卡恩”的咖啡屋在麦加开张，人类历史上第一次有了这样一个场所，无论什么人，只要花上一杯咖啡的钱，就可以进去，坐在舒适的环境中谈生意、约会。

世界咖啡师大赛

世界咖啡师大赛简称WBC，全称World Barista Championship。自从2000年首届WBC成功举办以来，每一年都会在全球不同的城市举办一届该项比赛，至2011年已经在包括摩纳哥、美国、挪威、意大利、瑞士、日本、丹麦、英国和哥伦比亚成功举办了12届比赛，其中美国的承办次数最多。

每年的WBC都云集了众多优秀的咖啡师，在中国，同样设有预选赛，预选赛会依据地域来划分赛区，先从各个赛区选拔出10人，然后到上海，参加每年4—5月份在HOTELLEX展会中举办的决赛，最终决出冠军代表中国参加WBC。

项目二　咖啡厅设施设备认识

【学习目标】

1. 熟悉咖啡厅的基本工作区域；
2. 能够掌握各种器具的名称，并且知道其用途；
3. 了解各种咖啡冲煮器具的发展历史，增加对咖啡文化的理解。

【知识链接】

http://wenku.baidu.com/view/5c5098c489eb172ded63b77b.html

【前置作业】

小组上网查阅相关资料，寻找一间咖啡厅，收集该咖啡馆的各种设备清单，并按照下列表格的格式制作一份咖啡馆设备清单。

咖啡馆的规模：　　　　　　　　　　　　名　称：

编　号	设备名称	规　格	数　量	用　途	备　注

【想一想】

你所列举的咖啡厅设施设备中，它们的作用可以分成哪几类？

咖啡厅设施设备配备的依据是什么？

咖啡厅设施设备的配备需要注意哪些问题？

【情景设计】

Eric来到自己实习的咖啡厅，看到了很多与咖啡有关的器具，顿时引发了非常浓厚的兴趣。他非常渴望了解每一种咖啡器具的主要用途，但是咖啡师告诉他：“每一件咖啡器具都有着非常厚重的文化底蕴。”

【任务描述】

每个人可以选择一个自己最感兴趣的咖啡器具进行了解，将自己了解到的知识与大家进行分享。

【相关知识】

一、咖啡厅及酒吧设备配套

咖啡馆的设施配套主要是依据不同的客源情况来配备的。目前在咖啡馆的经营中，经营者除了满足客人的咖啡饮品消费外，还需要配备一些简餐食物，满足客人的口味需求。同时，在很多地方，客人不一定能够接受咖啡饮品的口感，奶茶及巧克力的饮品也是客人的主要需求，咖啡馆还需要具备一些经营其他饮品的设备。酒水的配置也是咖啡馆中必不可少的，含酒精的咖啡饮品也很受客人的欢迎。下列就是各种咖啡机器的名称及图片。

1. 咖啡加工类

意式咖啡机

美式咖啡机

专用咖啡磨豆机

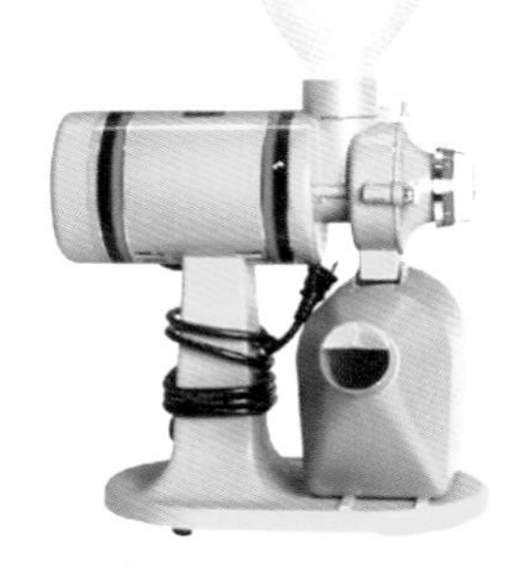

单品咖啡磨豆机

商用外卖咖啡磨豆机

咖啡渣桶

2. 食品加工类

奶茶冲泡器

果汁机

搅拌机

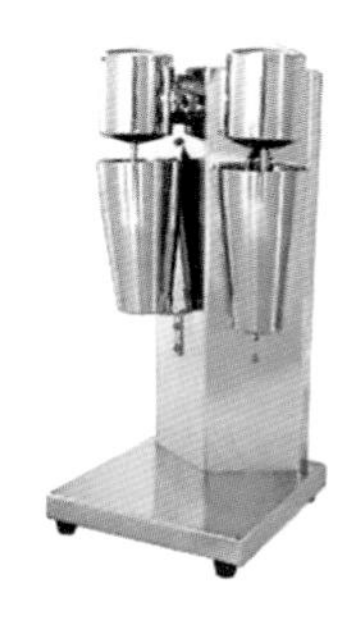

奶昔机

制冰机

微波炉

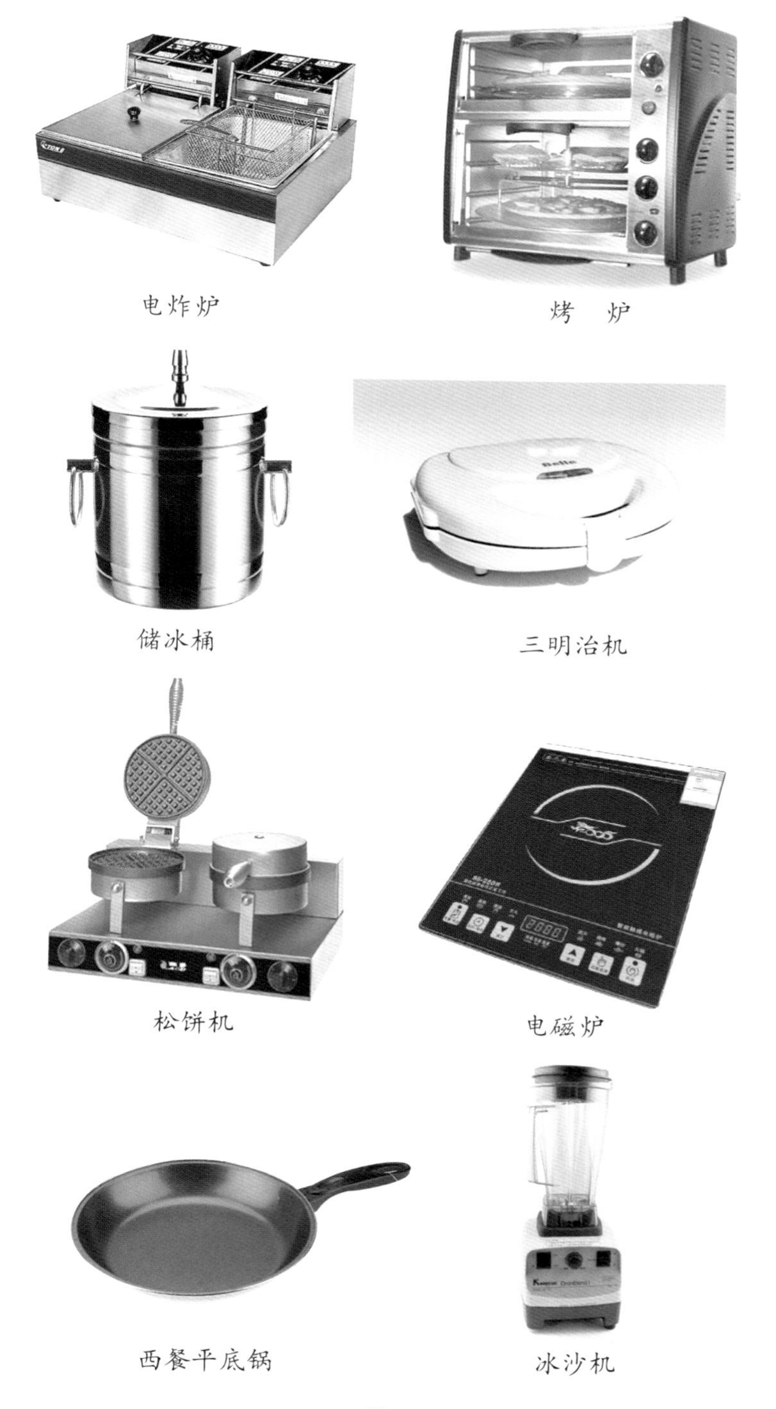

电炸炉

烤　炉

储冰桶

三明治机

松饼机

电磁炉

西餐平底锅

冰沙机

3. 水系统类

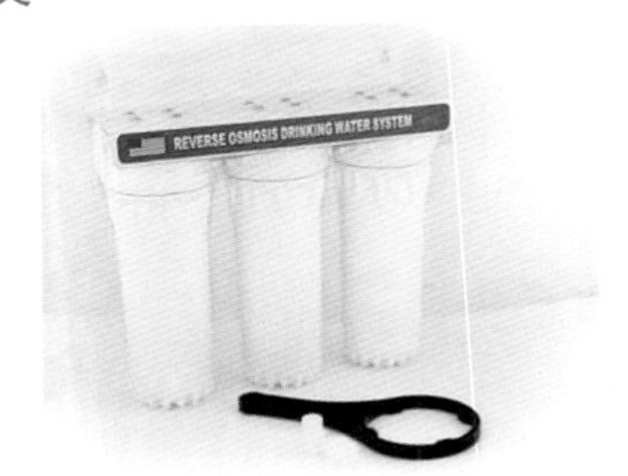

滤水设备

专用软水设备

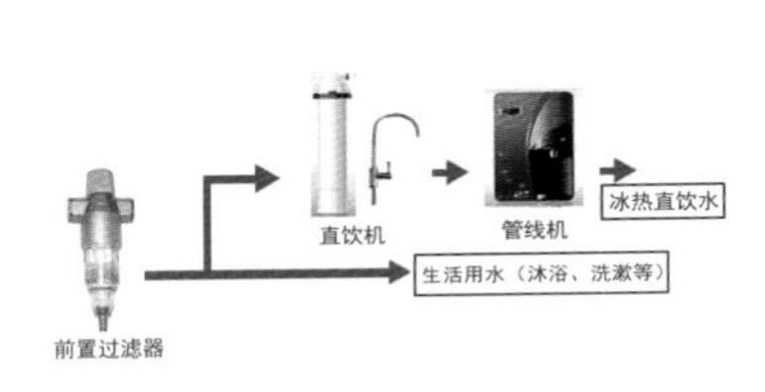

吧台供水系统

热水器

饮水机

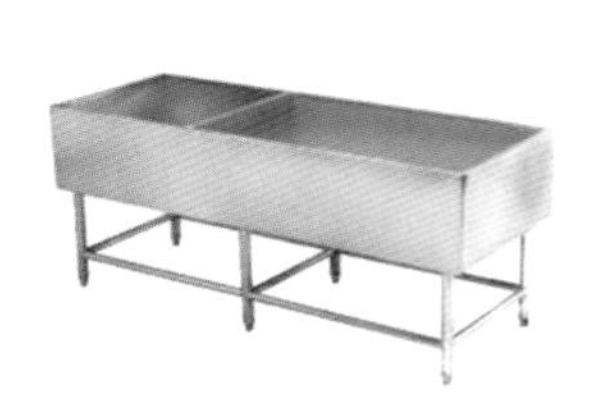

消毒池

4. 储藏类

糕点柜

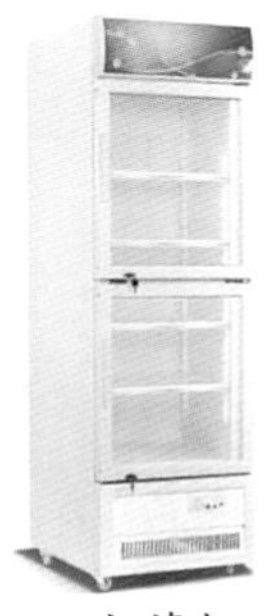

冰藏柜

冷冻柜　　展示柜

5. 管理系统

收银系统

6. 咖啡器具类

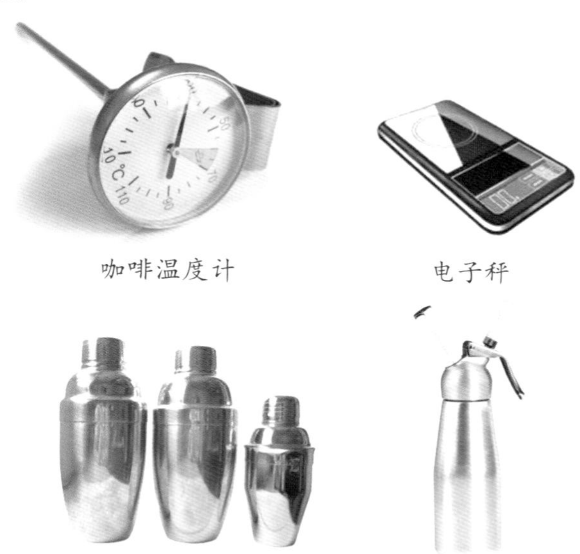

咖啡温度计　　电子秤

SHAKE壶　　奶油枪及气弹

拉花奶缸

虹吸壶

摩卡壶

法式滤压壶

比利时咖啡壶

爱尔兰咖啡壶

手冲咖啡壶

越南咖啡壶

土耳其咖啡壶

荷兰咖啡壶

酱汁调壶

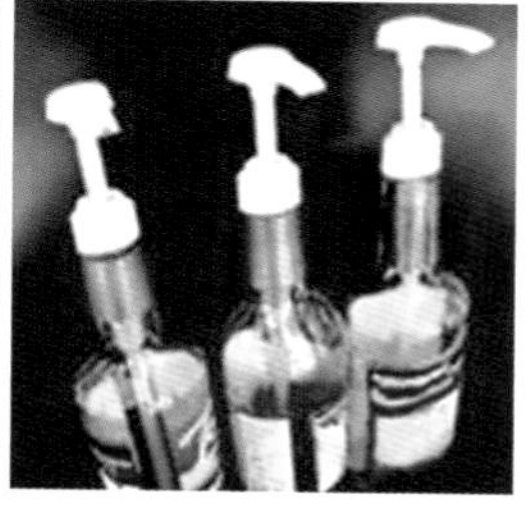

定量压嘴

7. 咖啡耗用物品类

咖啡外带杯、纸巾、吸管、搅拌棒、外带提袋、各种咖啡匙。

8. 咖啡耗料

咖啡豆，咖啡白糖、黄糖，咖啡用植脂奶，牛奶，奶油，果汁，酒水，巧克力浆，果味糖浆，鲜果浆，冰淇淋，可可粉，糕点。

9. 其他杂项类

吧台（前吧台、后吧台），工作间，户内、外桌椅，灯箱，广告用品，耗材台，垃圾桶，更衣柜子，保险柜，配电箱，水牌，视听设备，电话，杯架。

【实操物品】

各种咖啡器具、实操视频。

【任务实施】

关于学：学生通过观察和参观咖啡馆的相关设施设备，选择感兴趣的器具进行学习，增加学生对于咖啡文化的理解。

关于教：教师通过及时播放视频，让学生明白不同的咖啡流派文化，强化学生对于咖啡发展历史的理解。

➢ **工作流程**

流　程	具体要求	
咖啡馆参观	将各种器具摆放整齐	学生按小组选择自己感兴趣的四种物品，每个小组选择的物品不能重复
利用可以利用的资源了解器具的用途和历史	根据器具的名称和形状了解其历史	在30分钟的时间内，使用各种不同的途径，整理相关的知识，编写小组分享材料
小组分享	展示电子材料	各小组可以通过编辑的文件在多媒体上播放，为全班同学展示自己的成果
观看视频	展示各种器具的使用视频	教师总结：不同的咖啡器具有着不同的咖啡文化，咖啡器具的发展包含了咖啡的发展历史及其传播路径

工作记录

<table>
<tr><th colspan="3">认识咖啡厅的设施设备</th></tr>
<tr><th>步　骤</th><th>主要感受</th><th>注意事项</th></tr>
<tr><td>操作流程记录</td><td></td><td></td></tr>
<tr><th colspan="3">（一）实操过程记录</th></tr>
<tr><td colspan="3">小组讨论记录：</td></tr>
<tr><th colspan="3">（二）实践总结（300字左右）</th></tr>
<tr><td colspan="3"></td></tr>
</table>

教师的评价（涵盖优点和缺点，注重过程性评价的分值比例）：

教师的建议：

【小　结】

咖啡厅各种器具的摆设和利用要符合咖啡师的使用习惯，也可以按照一定的历史顺序在展示柜上将咖啡器具进行展示，让每一个到咖啡馆的人都能够认识咖啡的历史，也可以将咖啡器具的发展历史用文字进行说明。

【知识拓展】

咖啡壶的发展过程

研磨咖啡

为了能够享用到咖啡的最佳口味，最简易的方法就是购买新鲜焙炒的咖啡豆，等每一次需要煮咖啡的时候再研磨。如果购买咖啡豆后在店中研磨，就应该让店员知道家里使用的是什么咖啡机，活塞式咖啡壶、滴滤式咖啡壶还是意式咖啡机等，因为不同的咖啡机需要使用的咖啡粉的研磨程度是不一样的。由于咖啡豆是由细小的纤维细胞组织所构成，因此在咖啡豆研磨的过程中，其纤维细胞会被切开，咖啡油和香醇的味道同时被释放出来。因此想要冲泡一杯香醇可口的咖啡，研磨过程是非常重要的。

市场上现有很多种咖啡豆的研磨机，它们基本上可以被分成两类：一类用刀片，比较便宜，但要注意选择摩擦热较低的材质及构造，研磨时，需要多开关几次，并且注意抖动均匀，不然咖啡会发出焦味，而且还可能会产生其他怪味。另外一种则用磨石，相对比较贵，但能研磨得更均匀，在研磨时，宜轻轻转动，以避免产生摩擦热。

在研磨的过程中，要注意的是，研磨出来的颗粒粗细应一致，如此才能在冲泡时，使每一粒咖啡粉末均匀地释放成分，达到咖啡浓度均匀的效果。至于粗细程度，主要取决于冲泡方法和冲泡时间。基本上，冲泡时间越短，研磨的颗粒宜越细致。因为颗粒越小，和热水接触的面积越大，故冲泡的时间越短。

阿拉伯咖啡壶

咖啡豆从阿拉伯地区流传到了世界各地，而阿拉伯咖啡的制作方法并没有流

传开来。阿拉伯咖啡的制作方法和其他方法最基本的区别在于：依照传统，阿拉伯人要将咖啡煮开三次。多次煮开的咖啡会失去一些极为细致的口味，不过却因此而赢得了难得的特浓咖啡。

阿拉伯咖啡的制作在阿拉伯咖啡壶中进行。那是一种小小的铜壶，有一个很长的把手。首先将两匙幼细咖啡粉、一匙糖和一杯水放入壶中加热，当水烧开时，咖啡壶会吸走热量。一般水烧开三次后，咖啡就可以倒出来饮用了。根据个人喜好，还可以在咖啡中加一粒豆蔻子。

滴滤式咖啡

滴滤式可能是现在煮咖啡最常用的一种方法，在德国和美国特别流行。事先用热水温壶，将滤纸放入滤杯，幼细的咖啡粉放入锥形滤器中，然后倒入接近滚开的水。最好先倒入少量开水淋湿咖啡粉末，使咖啡油先尽快释放出来。开水经过滤器中的咖啡，三角形的滤纸袋滤掉所有的残渣，留下的是清澈、香气宜人的咖啡液。滤泡式适宜用细咖啡粒。粉末状咖啡粉会堵住滤孔，阻碍咖啡液往下流。粗颗粒咖啡粉则会让水流得太快，做出来的咖啡味道很淡。个人型滤杯直接放在咖啡杯上，大的三角型滤杯用于咖啡壶。现在也可以用电咖啡壶制作滴滤式咖啡：电咖啡壶可以将水煮开，制作出的咖啡一般比人工滴滤更均匀，质量也更好。

虹吸式咖啡壶

早在1840年，英国的海洋工程师罗伯·奈毕尔即已发明出虹吸式咖啡壶的原型，但一直到20世纪初，才发展为现在的形式。

虹吸式咖啡壶一般由两个透明的玻璃半球上下组合而成，再加上使用了酒精灯，看上去很像是化学实验器具。在下半球中加入热水，在上半球中加入咖啡粉，点燃最下面的酒精灯。待水煮沸后，下半球的水上升至上半球，用调棒轻轻搅拌，使水与咖啡粉充分混合。再加热一会儿后关火，上半球中的咖啡液经过滤后，滴入下半球，咖啡就制好了。由于冲泡过程充满表演的乐趣，又能欣赏咖啡淬炼的过程，因此更能增添喝咖啡的气氛。

虹吸式咖啡壶在加热前，必须先将壶外侧的水滴擦拭干净，以防止加热后，壶身会因受热不平均而破裂。而咖啡壶在使用后，必须立即用清水冲洗，以防止有残留的咖啡油脂附着在壶壁上，而影响下次冲咖啡的品质。此外，滤布在使用过后也应用清水洗净，然后放置于清水中，再放入冰箱保存。

摆弄虹吸式咖啡壶的玻璃器具，凝视咖啡过滤后一滴滴落入下半球，都需要耐心和细致，有点像东方的茶艺；有些虹吸式咖啡壶造型巧妙、做工精致。在日本和中国台湾，虹吸式都是最为普及的咖啡冲煮方法，中国大陆地区很多地方也很流行。

活塞式咖啡壶

活塞壶法在法国叫作加压法，在美国叫作美欧力法（Meloir），在欧洲叫作咖啡壶法（Cafetiere），这是一种相当不错的咖啡冲调方法。很多人喜欢用这种方法冲调咖啡，因为它保存了磨好的咖啡豆的全部风味，而其他方法却很难做到这一点，甚至会使咖啡带上滤纸的味道。活塞壶据说是在1993年由一个叫卡利曼（Caliman）的意大利人发明的，为了在战争期间逃离意大利，他把设计和专利卖给了瑞士。

使用活塞壶法非常简单，先用热水温壶，放入适量中度研磨咖啡粉。咖啡粉与水的比例是至少四尖茶匙咖啡粉对约半升水。倒入刚烧开的水，用一根木汤勺充分搅拌匀，用一保温套包住咖啡壶保温。让咖啡浸泡三五分钟，慢慢沉淀，然后将带有滤网的活塞压到壶底，使咖啡粉末和泡好的咖啡分开。如果喜欢喝浓一点的咖啡，可以用四茶匙以上的咖啡粉，活塞式咖啡壶非常方便，仅次于滴滤式，是目前制作新鲜咖啡最流行的两种方法之一。便宜一些的咖啡壶用尼龙代替不锈钢做个滤层。你会发现，用活塞壶法可以很方便地处理掉咖啡残渣，使你得以充分享受百分之百的咖啡风味。它的另一个优点是可供选择的量很多，所以当你冲调早餐咖啡时，你不必使用八杯量的壶。它的唯一缺点是不能保温。

摩卡咖啡壶

每个意大利家庭都备有几个不同尺寸的摩卡壶。不管你是否喜欢咖啡本身，摩卡壶看上去实在漂亮极了，非常招人喜爱。摩卡壶的双层壶盖的完美设计使它的顶部可以用于加热。摩卡壶也因此兼有意大利咖啡机和咖啡渗滤壶的特点。冷水在摩卡壶中加热烧开后，通过壶中的一根管道向上，然后再向下，穿过幼细的咖啡粉。这样在一分钟内就调制出颇有特浓咖啡意味的咖啡来，完全可以满足酷爱咖啡人士的需要。

冰滴咖啡

0 ℃的零界温度，封存了咖啡的原始香味，一分钟六十滴的充分萃取，保证

了每一滴都蕴藏了咖啡的精华，给您的味觉带来全新的挑战。

咖啡机历史发展

孕育期 童年时期 青春期 成熟期

1901 Bezzera与Pavoni的单杯咖啡机

1948 Gaggia的黄金泡沫期

1962 Faema的E61传奇

咖啡机发展的历史阶段：

孕育期

1900年之前

咖啡萃取的"完美蒸汽论"

1818年，Romershausen博士在普鲁士取得一项"萃取器"的专利。

1822年，法国人Louis Bernard Rabout取得一项专利，是利用吸油墨纸的特性结合Romershausen博士的设计，用以获得更洁净的萃取液。

1824年，巴黎工匠Caseneuve设计了一款过于复杂而无法制造的咖啡器具，希望能避免香气的散失。

1827年，Laurens在法国的专利则是强调咖啡萃取前，需先以蒸汽湿润咖啡粉。

1833年，英国人Samuel Parker的发明则是利用泵将水往上打通过咖啡，而不是让水向下流过咖啡。（他特别注意到咖啡好的口感是最先出现，苦味则是在后段才被萃取出来。）

1838年，巴黎的眼镜师Leburn设计了多款小型桌上咖啡器，在南欧非常流行。

1840年，Tiesset设计一个真空泵将热水往下拉，以额外的力度通过咖啡粉。

1844年，法国人Cordier在他申请的专利中画了许多款咖啡萃取器，其中有一款与30年后Eicke的德国机器很相似。

1847年，Romershausen制作了一个蒸汽压力咖啡锅。

1855年，法国人Loysel引进一款大容量的吧台咖啡机（高约4.5米），号称每天制作10 000杯咖啡。

1868年，维也纳人Reiss研发出新型“维也纳壶”。

1885年，意大利人Angelo Moriondo签下的咖啡专利，一次可以制作50杯份。

童年期1901—1947年

一次一杯的咖啡专属特权

1901年，Luigu Bezzera所设计的咖啡机申请专利成功。

1902年，其友人Desiderio Pavoni在这台机器的基础上添加了卸压活塞装置，还将此种机器商业化，进行生产销售。

1903年，Bezzern因财务困难以一万里拉的代价将专利权转卖给Pavoni。

1905年，La Pavoni公司宣布成立。

1906年，意大利人Arduino申请专利，在机器内装入一个热交换器来快速地将水加热。

1909年，Luigi Giarlotto在机器中加入了泵，从而解决了萃取中压力不足的问题。

1910年，他的第二个专利为螺旋下压式活塞，可将咖啡所有的美味由活塞挤出。

1935年，Illy博士发明了第一台使用压缩空气来推动水通过咖啡粉的机器。

1938年起，锅炉的放置成功地由原来的垂直放置改良为了水平放置。

青春期1948—1961年

压力变大水温下降；“黄金泡沫”的诞生

1948年，Gaggia将活塞式杠杆弹簧咖啡机引进市场。

1952年，一夜之间大型的直立机消失了。

1956年，Cimbali使用液压系统可避免在使用杠杆时耗费太多的力气。

成熟期1962年之后

电子零件的普及化；“热交换、热循环”的优势

1955年，Giampietro Saccani跨出重要的一步——维持冲煮头温度的稳定。

1961年，意大利与西班牙合作生产E61机型。在过去热水是被加压，但现在则是先将水加压再加热，相对于过去是一个完美的革命。

模块二　原材料的鉴别与保存

编前语

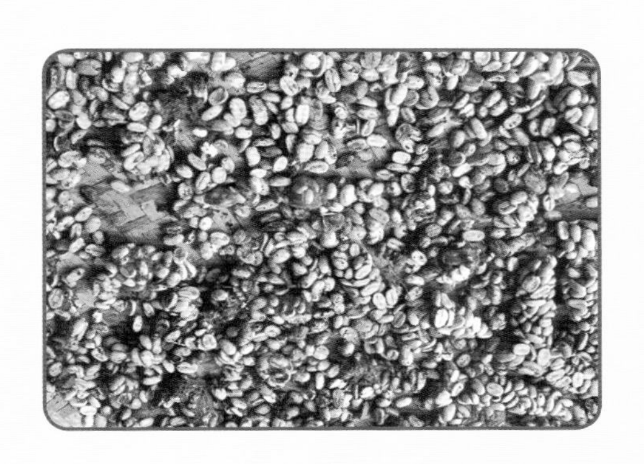

与咖啡师打交道最多的是什么？除了咖啡设备以外，还有咖啡原材料。作为实习咖啡师的你，学习咖啡饮料形成的全面过程是你迈向实操的重要前提。优秀的咖啡师往往对咖啡豆的认知有其独到之处，并且能够保证每一杯咖啡的出品品质都很稳定。因此，通过本部分的学习与实操，要求你能够对原材料的特性进行准确判断，并能够恰当地选购和储存原材料，以保证咖啡出品的品质。首先，我们要知道咖啡是一种植物饮料，她的产生是有很多前提条件的，从开花结果到成为一杯饮料，当中有很多的学问。

咖啡树在植物学上，属于茜草科植物类咖啡亚属的常绿树，它有500多个种类，6 000个品种，其中多数都是热带树木

和灌木。而一般所俗称的咖啡豆，其实是咖啡树所结果实的种子，只因为形状像豆子，所以被称为咖啡豆。

咖啡豆经过烘培之后研煮，再加入各式调味料，就成为风靡全世界多彩多姿的咖啡了!

咖啡树最理想的种植条件为：温度介于15～25 ℃的气候环境；而且整年的降雨量必须达1 500～2 000毫米，同时其降雨时间要配合咖啡树的开花周期；含火山灰质的肥沃土壤，透水性强，排水良好。另外，日光虽然是咖啡成长及结果所不可欠缺的要素，但过于强烈的阳光会抑制咖啡树的成长，故各个产地通常会配合种植一些遮阳树。

由此可知，栽培高品质咖啡的条件相当严格：阳光、雨量、土壤、气温，以及咖啡豆采收的方式和制作过程，都会影响咖啡本身的品质。

现今的咖啡品种约有100多种，但这百余种的咖啡豆最常见的是来自阿拉比卡（Coffee Arabica）、罗布斯塔（Coffee Robusta）这两个原品种。

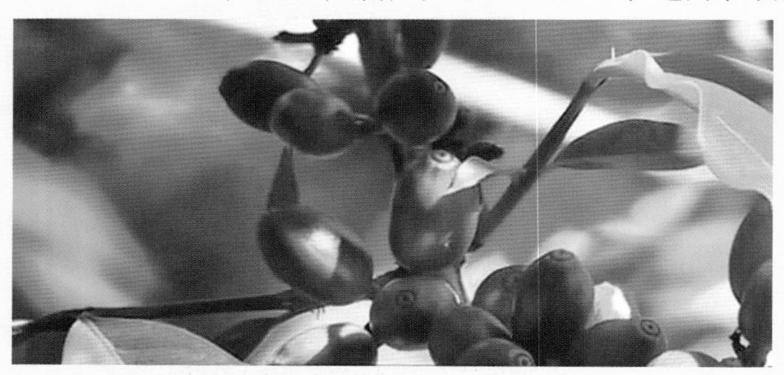

阿拉比卡原产地为埃塞俄比亚的阿拉比卡咖啡树，常绿小灌木，果仁较小，果皮较厚，果肉甜，品质香醇，含咖啡碱成分较低，故又称淡咖啡。其咖啡产量占全世界产量的70%～85%，世界著名的咖啡品种几乎全是阿拉比卡种，产地包括巴西、哥伦比亚、危地马拉、衣索比亚等。阿拉比卡种的咖啡树适合种于日夜温差大的高山，以及湿度低、排水良好的土壤，理想的海拔高度为500～2 000米，海拔越高，品质越好。其咖啡豆子

呈青绿色，豆子瘦小，有特殊香味及甘酸，与其他咖啡调配饮用尚佳。

罗布斯塔占世界总产量的20%～30%，与阿拉比卡种相比较属低地栽培，耐高温、耐干旱、耐虫害，适应力极强。罗布斯塔咖啡树原产地在非洲的刚果，其主要产地分布于非洲各国，如象牙海岸、安哥拉、马达加斯加岛，还有亚洲的菲律宾、印度尼西亚（爪哇）及印度等。由于对环境的适应性极强，能够抵抗恶劣气候，抗拒病虫侵害，是一种容易栽培的咖啡树。但是其口感比阿拉比卡种来得苦涩，品质上也逊色许多，缺乏酸味，苦味强，香气不足，亦是罗布斯塔的一大憾事，所以大多用来制造速溶咖啡。罗布斯塔咖啡虽味苦，但苦中带香，尤其冷却后具独特香甘味道，适合调配冷咖啡，属醇厚型咖啡。

项目一　焙炒咖啡豆的选购与储存

【学习目标】

1. 掌握咖啡豆的基本选购要领；

2. 了解咖啡豆的包装方式和储存的方法。

【知识链接】

Jon Thorn编著的《咖啡鉴赏手册》，上海科学技术出版社 · 香港万里机构， 2009年7月第1版

【前置作业】

享受独特的口味，从咖啡豆开始；认识每一杯咖啡，从每一颗咖啡豆开始。请你根据你所饮用过的咖啡，描述对咖啡的基本印象。

【想一想】

当你站在咖啡专柜前面，你该如何选择咖啡豆？

影响咖啡豆品质的因素有哪些？

【情景设计】

Michael是咖啡店里的常客，早上他像往常一样点了一壶哥伦比亚单品（用法式滤压壶制作），喝了几口就发现味道不太对劲，于是他跟相熟的实习咖啡师Eric要了那袋哥伦比亚豆子来看了看，闻了闻，然后说：“这豆子不新鲜了。”作为咖啡师，你该如何处理这种情况？

【任务描述】

查看此袋咖啡豆是否在保质期内。

了解咖啡豆的品质及储存状况。

向客人作解释。

【相关知识】

一、选择咖啡豆的要诀

（一）查看保质期

购买的烘焙豆一定要注意查看保质期限。烘焙后，咖啡豆就开始发生氧化，咖啡豆还易吸潮、吸味，应尽量选购新鲜的。

（二）有无缺陷豆

咖啡豆是大自然的产物，在加工过程中如有问题，就会产生缺陷豆等次豆，或混入异物。这些缺陷豆或异物会影响咖啡的口味和气味，如发现应及时剔除。

（三）豆的大小是否一致

咖啡豆的大小一致，说明品质管理好，缺陷豆混入也会少。因此，豆大小一致，是优质咖啡豆的条件之一。

但危地马拉和摩卡类咖啡除外，这些咖啡豆本身就大小不一。

（四）有无烘焙不匀

一眼看去色泽均匀，说明烘焙良好。但混合咖啡豆会将中度与深度烘焙的混在一起，请确认后选购。

当然，以上这些方法仅是对咖啡最初步的鉴别，真正要想确定一种咖啡豆的品质好坏，最终需要有一个品味的过程。

二、咖啡豆的储存

水是储存咖啡的大敌。咖啡油是水溶性的，它使咖啡更具风味，而潮湿的环境会腐败咖啡油，所以不要把咖啡储存在冰箱的冷藏柜里。

咖啡豆的另一个敌人是氧气，它可以氧化易挥发的气味。这就是为什么要在冲调咖啡之前才研磨咖啡的道理。当咖啡豆被研磨后，它的大部分表面就暴露在空气中。这意味着咖啡油开始蒸发，味道也将逐渐消失在稀薄的空气中。

不要让咖啡靠近其他具有强烈气味的物品（如茶）。因为咖啡会很快吸收其他气味，所以请把咖啡放在干净的密封容器中。

烘焙过的咖啡豆是易变质的，应防止与光线、湿气，尤其是与存在于空气中的氧气接触。这些物质会使豆的口味和香味发生变化，咖啡中精华的油质成分与光线或氧气接触后，使得咖啡的特性衰减。当出现这种情况时，会发生氧化作用，释放出的令人不愉快的、腐臭的气味将盖过咖啡本身天然的芳香。尤其是经过多层处理的低因咖啡豆，氧化作用进行得更快。因此，为了维持咖啡的香味和品质，如何包装保存咖啡豆就成了一门大学问。

新烘焙的咖啡豆会释放出上百种化学物质，这需要用一两天的时间使之消散，从而达到最佳的口味。现在，很多高质量的烘焙厂商，都将咖啡豆包装在有单向阀的密封袋中（图示），以使其中的气体得以释放，使咖啡豆不至于存放在对其有破坏性的气体中。这种包装有助于保持咖啡豆的品质。

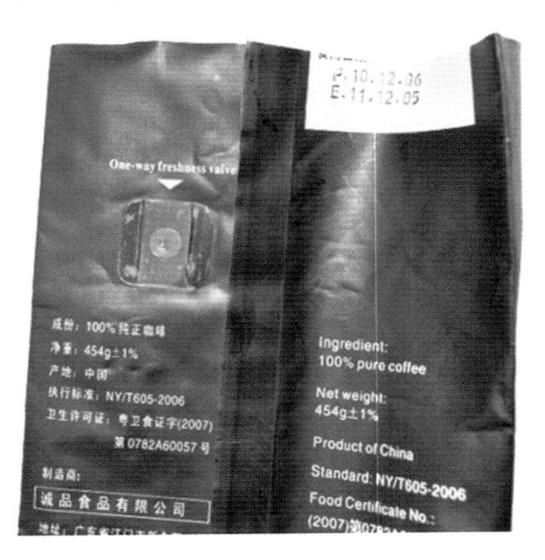

如果咖啡豆不采用此种包装方式，当包装被打开后，咖啡豆就会开始变质，咖啡豆表面的油脂也会慢慢消失。咖啡豆的包装打开后，如果保存恰当，在10天内咖啡豆会保持绝对的新鲜。我们建议应把咖啡豆保存在干净、干燥、密封的容器中，并应放在避光的地方。

【实操物品】

一袋两周前新鲜烘焙的咖啡豆。

一袋过了保质期的咖啡豆。

【任务实施】

实习咖啡师Eric通过了解，发现这袋哥伦比亚咖啡豆是两周前新鲜烘焙的。于是，他应客人的要求拿出一袋过了保质期的咖啡豆，一边对比两袋咖啡豆，一边与客人交流如何判定咖啡豆的新鲜度。

➢ 工作流程

流　程	具体要求	
观察并描述不同编号的咖啡豆	看	好的咖啡豆形状完整、个头丰硕；反之则形状残缺不一。将咖啡豆倒在手上摊开来看，确定咖啡豆的产地及品种，同时也确定一下咖啡豆烘焙得是否均匀。
	闻	新鲜的咖啡豆闻起来有浓香的气息，反之则无味或气味不佳。将咖啡豆靠近鼻子，深深地闻一下，如果能清晰地闻到咖啡豆的香气，则代表咖啡豆比较新鲜；相反，若香气微弱，或是已开始出现油腻的哈喇味，则表示咖啡豆已不新鲜了。
	压	新鲜的咖啡豆压之鲜脆，裂开的部分有香味飘出。拿一粒咖啡豆，试着用手剥开看看，如果咖啡豆新鲜的话，应该可以很轻易地剥开，而且会有酥脆的声音和感觉。若是咖啡豆不新鲜的话，会发现好像很费力才能剥开一粒豆子。把咖啡豆剥开时还能观察到烘焙的火力是否均匀。如果均匀，豆子的外皮和里层的颜色应该是一样的。如果表层的颜色明显比里层的颜色深很多，表示在烘焙时的火力可能太大了，这对咖啡豆的香气和味道也会有影响。
	观色	深色带黑的咖啡豆，煮出来的咖啡具有苦味；颜色较深黄的咖啡豆，煮出来的咖啡带酸味。好的咖啡豆形状整齐、色泽光亮，烘焙冲煮后香醇，回味长久；不好的咖啡豆形状不一，且个体残缺不完整，冲煮后味寡淡，不够甘醇。

（请对比所提供的两袋咖啡豆，并完成以下表格）

	新鲜烘焙的咖啡豆	过了保质期的咖啡豆
看色泽		
闻香气		
剥　开		

工作记录

<table>
<tr><th colspan="3">焙炒咖啡豆的选购</th></tr>
<tr><th>步　骤</th><th>技术要领</th><th>安全注意事项</th></tr>
<tr><td>操作流程记录</td><td></td><td></td></tr>
<tr><th colspan="3">（一）实操过程记录</th></tr>
<tr><td colspan="3">小组讨论记录：</td></tr>
<tr><th colspan="3">（二）实践总结（300字左右）</th></tr>
<tr><td colspan="3"></td></tr>
</table>

教师的评价（涵盖优点和缺点，注重过程性评价的分值比例）：

教师的建议：

【小 结】

一、选购咖啡豆的步骤

新鲜度是咖啡的生命。如何判定咖啡豆的新鲜度有三个步骤：闻、看、剥。

1. 闻

将咖啡豆靠近鼻子，深深地闻一下，是不是可清楚地闻到咖啡豆的香气。如果是的话，代表咖啡豆够新鲜；相反的，若是香气微弱，或是已经开始出现油腻味的话（类似花生或其他坚果类放久时出现的气味），表示咖啡豆已经完全不新鲜了。这样的咖啡豆，无论你花多少心思去研磨、去冲煮，也不可能煮出一杯好咖啡来。

2. 看

将咖啡豆倒在手上摊开来看，确定咖啡豆的产地及品种，也确定一下咖啡豆烘焙得是否均匀。

3. 剥

拿一颗咖啡豆，试着用手剥开看看，如果咖啡豆够新鲜的话，应该可以很轻易地拨开，而且会有脆脆的声音和感觉。若是咖啡豆不新鲜的话，你会发现好像必须很费力才能拨开一颗豆子。把咖啡豆剥开还可以看出烘焙时的火力是否均匀。如果均匀，豆子的外皮和里层的颜色应该是一样的。如果表层的颜色明显比里层的颜色深很多，表示烘焙时的火力可能太大了，这对咖啡豆的香气和风味也会有影响。

二、咖啡豆的储存方法

新鲜的咖啡豆对储存环境是极端敏锐的，咖啡豆一旦被烘焙，就会慢慢失去香味。近年来专家们大力推荐采用铝箔的包装材质（不透光）搭配单向排气阀，为国内外大厂们所称许及认同，这样的包装阻隔了氧气的侵入且能够排出二氧化碳，大幅延长了品尝新鲜咖啡的蜜月期。

【知识拓展】

焙炒咖啡豆的包装种类

咖啡豆在烘焙过后会产生出相当于体积三倍的二氧化碳，因此，咖啡豆的包装除了避免与空气接触氧化外，还需处理咖啡豆产生的二氧化碳。在包装方面分为含气包装、真空包装、瓦斯填充包装、瓦斯吸着剂包装、UCC亚罗马包装。

1. 含气包装

最普通的包装，用空罐、玻璃、纸袋或塑料容器来包装豆子、粉末，再加盖或加封包装。保存性低，且因无时无刻与空气接触，需尽快饮用，饮用期为一周左右。

2. 真空包装

包装容器（罐、铝箔袋、胶袋）在填充咖啡后，将容器内的空气抽出。虽名为真空，但事实上顶多去除了百分之九十的空气，且咖啡粉的面积比咖啡豆的表面积大，即使是剩余的一点空气，也很容易与粉末结合而影响风味。

3. 瓦斯填充包装

在金属袋上设计一个针孔，在填充咖啡后，将非活性的氮气灌入，把袋内的二氧化碳自针孔挤压出去。此法较为普及，但所有的气体被排出后，氧气就无声无息地从针孔反钻入袋内了。

4. 瓦斯吸着剂包装

将由脱氧素、脱碳素所制成的吸着剂放入包装袋中，包装内的空气可轻易地吸收，且咖啡所产生的碳酸气亦能吸入，但咖啡的香气也会被吸走是其缺点。

5. UCC亚罗马包装

UCC亚罗马包装为目前最理想的咖啡外包装，全部皆以豆子的型态而非粉末型态来包装。它和针孔金属袋类似，不同的是在袋内的气体可经由针孔排出，而单向活塞可使袋外的氧气无法进入袋内。咖啡厂商在豆子烘焙好后立刻将豆子冷却包装，并将氮气灌入袋内，已排出袋内气体。这种包装法虽为理想，但材料贵、成本高，目前只有大公司的精选咖啡会采用这种包装法。

一般来说，开封后的咖啡豆存放期为1个月，咖啡粉饮用期以一周为宜，未拆封的真空包装咖啡豆则可保存4个月。购买回家的咖啡豆要存放在干净、干燥、密封的容器中，并应放在避光、阴凉的地方。

项目二 咖啡品鉴

【学习目标】

1. 能对咖啡豆的品质进行基本的鉴别；

2. 对咖啡豆的两大类别阿拉比卡豆和罗布斯塔豆的特点有大致的认识并了解全球著名的咖啡产区。

【知识链接】

www.spschool.cn

【前置作业】

根据网络资源，寻找关于咖啡种植和加工的知识，回答下列问题：

咖啡的发源地在哪里？

全球最大的咖啡生产国是哪个国家？

全球著名的三大咖啡产区有哪些？

【情景设计】

Kathy光顾了几次咖啡店，几乎每次她都点Latte或者Cappuccino，但今天她想尝尝单品咖啡。于是，实习咖啡师Eric向她推荐说："您可以试一下我们用虹吸壶制作的哥伦比亚单品，100%的阿拉比卡豆子。”制作完毕后，Kathy喝了几口，不禁说：“哇，好酸啊，是不是阿拉比卡的豆子都比较酸呢？”作为咖啡师，你应如何向客人解释哥伦比亚咖啡的口感。

【任务描述】

让客人对咖啡豆的两大类别阿拉比卡豆和罗布斯塔豆的特点有大致的了解和认识并描述哥伦比亚咖啡的特点及口感。

【相关知识】

Coffee Arabica（阿拉比卡咖啡豆），一个具有价值的种类，已经被种植了几个世纪，占世界咖啡产量的四分之三。如同这个名称的含义，它出自阿拉伯半岛，茁壮成长于矿物质含量丰富的土地，较知名的子品种是Moka，Maragogipe，San Ramon，Columnaris和Bourbon。巴西出产的Arabica咖啡具有巴西咖啡（Brazilian Coffees）的共同名称；哥伦比亚、委内瑞拉、秘鲁、危地马拉、萨尔瓦多海地和圣多明各出产的被称作Milds。也有些Arabica咖啡产自非洲。Arabica是一种风味醇厚的咖啡，口味清晰，并且咖啡因的含量更低。然而，由于不同的农作物的种类，也有不同的味道。Arabica豆看上去瘦长形，呈暗淡的绿蓝色。

阿拉比卡烘焙豆

Coffee Robusta（罗布斯塔咖啡豆），这个品种能生长到超过12米，在海拔600米高度生长迅速，有更强的抗虫害力。它于1898年在刚果被发现，这个强壮的品种得以广泛地传播，尤其是在非洲、亚洲和印度尼西亚等气候上不适合种植Coffee Arabica的地方。它占世界总产量的四分之一。由于它的咖啡因含量更高（大约是Arabica的两倍）并具有口感强烈的特性，Robusta通常用于专门的拼配。过度使用和不正确的加工处理导致这种咖啡价廉并口感很苦，有显著的“木质感”，一种出自非洲的自然

罗布斯塔烘焙豆

Robusta的典型特征。出自印度尼西亚的水洗种类用在某些拼配里是较稀有的，并格外珍贵。这种豆的豆形较小，呈圆形，黄褐色。

市面上所售的咖啡豆大致上可粗分为两大类：单品咖啡（Single Origins，简称S.O）和综合咖啡（Coffee Blends）。

单品咖啡泛指来自单一国家或产区的单一款式的咖啡豆，可比方为咖啡的独奏曲。如果一包咖啡上面标示着某咖啡生产国名称（欧洲大陆不生产咖啡豆，如果标签上写着欧洲国家城市名称如意大利、维也纳等，则不是单品咖啡），大抵上，代表这是一包单品咖啡。如埃塞俄比亚—耶加雪啡（Ethiopia Yirgacheffe）、苏门答腊—巴塔克特宁（Sumatra Blue Batak）、危地马拉—安提瓜（Guatemala Antigua）等，产于特定国家、产区、庄园的特定咖啡，称之为单品咖啡。因为每个国家或不同地区拥有各自的气候、土壤与自然环境，栽种的咖啡因而各具特色。品尝单品咖啡可以了解某个国家或地区咖啡的特色与风味。

综合咖啡意指由数款单品咖啡所混合调配出来的咖啡豆，可比方为咖啡的协奏曲。综合咖啡的调配方法可以很简单（如传统的曼巴：曼特宁加上巴西），也可以是一门复杂的艺术。经由妥善的调配，可以让各具特色的单品咖啡共同谱出更和谐、更精彩的乐章，通常意式咖啡（浓缩咖啡、拿铁、卡布奇诺）使用的咖啡豆是综合咖啡。

常见的单品咖啡有以下几种：

巴西咖啡——巴西咖啡种类繁多，多数的咖啡带有适度的酸性特征，其甘、苦、醇三味属中性，浓度适中，口味滑爽而特殊，是最好的调配用豆，被誉为咖啡之中坚，单品饮用风味亦佳。

巴西（生豆） 巴西（熟豆）

哥伦比亚咖啡——产于哥伦比亚，烘焙后的咖啡豆会释放出甘甜的香味，具有酸中带甘、苦味中平的良性特性，因为浓度合宜的缘故，常被应用于高级的混合咖啡中。

哥伦比亚（生豆）　　哥伦比亚（熟豆）

摩卡咖啡——产于也门。豆小而香浓，其酸醇味强，甘味适中，风味特殊。经水洗处理后的咖啡豆，是颇负盛名的优质咖啡。

曼特宁咖啡——产于印尼苏门答腊，被称为颗粒最饱满的咖啡豆，带有极重的浓香味，辛辣的苦味，同时又具有糖浆味，而酸味就显得不突出。曼特宁具有浓郁的醇度，是德国人喜爱的品种，咖啡爱好者大都单品饮用，它也是调配混合咖啡不可或缺的品种。

曼特宁（生豆）　　曼特宁（熟豆）

爪哇咖啡——印尼的爪哇在咖啡史上占有极其重要的地位。目前，也是世界上罗布斯塔咖啡的主要生产地，而其少量的阿拉比卡咖啡具有上乘的品质。爪哇生产精致的芳香型咖啡，酸度相对较低，口感细腻，均衡度好。

哥斯达黎加咖啡——优质的哥斯达黎加咖啡被称为“特硬豆”，它可以在海拔1 500米以上生长。其颗粒度很好，光滑整齐，档次高，风味极佳。当地人均咖啡的消费量是意大利或美国的两倍。

肯尼亚咖啡——肯尼亚咖啡包含了我们想从一杯好咖啡中得到的每一种感觉。它具有美妙绝伦、令人满意的芳香，均衡可口的酸度，均匀的颗粒和极佳的水果味，是业内人士普遍喜好的品种之一。

古巴咖啡——古巴咖啡颗粒适中，酸味较低，风味特殊，富有醉人的烟草味。

【实操物品】

法式滤压壶、虹吸壶、哥伦比亚咖啡豆、计时器、咖啡杯。

物品名称	实物图示（图片仅供参考）	说 明
法式滤压壶		能够提供6～8人分量，准备2～3个
虹吸壶		一次能提供4人分量，准备3～4个
咖啡豆		新鲜烘焙20天左右的咖啡豆风味最佳
计时器		
咖啡杯		标准的咖啡杯容量要求为150～180毫升

【任务实施】

本项目由教师实操进行，选用其中一种冲煮咖啡的方式，然后进行咖啡品尝的教学演示。可以在品尝结束后，使用其他的咖啡豆让学生进行一次操作。

工作流程

流　程		具体要求
法式滤压壶冲煮咖啡	学习法式滤压操作	1. 将法式滤压壶滤芯压杆取出，横放至壶旁。 2. 将90～95 ℃热开水（过滤水或软化水）注入玻璃壶杯至7分满，对咖啡壶进行预热。 3. 倒掉热水，用量匙加入新鲜烘焙的粗糙研磨度咖啡粉，并注入90～95 ℃热开水（过滤水或软化水），咖啡粉和水的比例在1∶15左右，保证咖啡粉全部湿润。 4. 将滤芯压杆轻放至咖啡壶上，按下计时器，静置4分钟。 5. 4分钟后，将滤芯杆下压，注意力量及速度，不可太大力。 6. 倒出咖啡至咖啡杯。 7. 使用后清洁，将咖啡渣倒出。以清水冲洗玻璃壶杯、过滤器。过滤器的拉杆与滤网可以旋转分开，如果看到滤网中有过多的咖啡渣残留可以旋开清洗。旋开时要注意零件摆放顺序。清洗过滤器，用过一段时间后，可以花一点时间来清除掉残留在过滤器内的细粉。
虹吸壶冲煮咖啡	学习虹吸壶操作	1. 先将滤器置于上座，并将弯勾拉出勾于脚管（上座通出来的玻璃管）上。 2. 要煮几杯（150毫升/杯）就将水或热水依刻度倒入下座，并使用干抹布将下壶擦干。 3. 将上座斜插入下座。 4. 依照一人份一平匙（10～12克）的比例将中度研磨的咖啡粉加入上座内。 5. 点燃酒精灯（或瓦斯灯）加热。水开始起水泡时，随即将上座插入下座壶具。 6. 等水上升至上座后，减小火力，用竹刀轻轻搅拌咖啡粉与水，使咖啡与水均匀混合；25～30秒钟后（时间过长，会有杂味成分析出），再次搅拌；50～55秒后移开火源熄火，再次进行搅拌。 7. 使用湿抹布迅速擦拭下座上端，加快上座咖啡的下流速度，保持咖啡最原始的风味。

续表

流　程		具体要求
虹吸壶冲煮咖啡	学习虹吸壶操作	8．一手握把手，另一手持抹布握上座左右轻摇一下，方便将上座取下，将咖啡倒入咖啡杯中。 9．经冲泡提取过的咖啡粉，如呈球形鼓起，则表明冲泡成功。如呈平坦状，则应考虑火候掌握有无问题，检查过滤板有无堵塞。 10．清洗虹吸壶应该注意虹吸壶的温度，可使用开水将下座洗刷干净，然后用干布将下座水迹抹拭干净；上座清洗则应该松开拉钩，用水冲洗上座，使用毛刷将上座内壁清洗干净；然后将滤器使用食用酒精泡开进行冲洗。所有部件需要进行晾干，否则容易发臭，影响咖啡的品质。
品尝咖啡	基本要求	品尝咖啡就是对多种咖啡进行对照、比较和品味。当只品尝一种咖啡时，你就无法做出对照和比较。如果一次品尝两种或者三种咖啡，不仅可以根据自己的喜好进行对照和比较，还可以根据它们的气味、酸度、醇度和味道来进行对照和比较。注意：当品尝多种咖啡时，首先要品尝醇度比较低的咖啡，然后再品尝醇度高的咖啡。
	闻香	将鼻子放进咖啡杯中，轻柔匀速地吸入咖啡香气。 一种咖啡的味道首先是通过气味来表现的。事实上，人的味觉主要来自嗅觉——这就是气味芳香的咖啡让人满意的原因。
	吮吸	将咖啡迅速地吸进口腔，并且发出声音；使得咖啡的味道能够迅速地在口腔中附着，感受到咖啡的各种味道，这个动作有点像日本人吃乌冬面的动作。同时也能在一定程度上减少咖啡的苦度对人的不良感受。
	回味	喝上一口咖啡，并让咖啡在口腔中停留3～5秒时间，同时不断让咖啡在口腔中滚动，细细品味咖啡的酸、苦、甜、醇。 酸度一词并不是指味道发酸或者发苦的程度，酸度意味着味道的活泼、浓烈、清新程度。

续表

流　程		具体要求
品尝咖啡	回味	苦度是咖啡最直接而且强烈的一种味觉，主要是由咖啡因、蛋白质和其他咖啡成分在烘焙后表现出来的。咖啡的苦度不能达到掩盖所有味觉的程度，对于优质的阿拉比卡咖啡豆来说，咖啡的苦度是非常柔和的，并且能够带来良好的回甘。 咖啡的甜度主要是单宁酸和糖分所带来的，它的甜不是犹如水果或糖分的甜，是一种甘甜，优质的咖啡能够迅速在口腔中形成良好的甜度，并且能够停留很长一段时间，使人感觉到无比地愉悦。 醇度就是舌头所感觉到的一种饮料的重量或者密度。饮料的醇度有低有高。为了理解这一概念，有时可以使用“糖浆”一词来描述一种醇度高的咖啡。 风味由气味、酸度、苦度、回甘、醇度融合在一起给人留下的一种总体印象。

品尝新鲜冲泡的哥伦比亚单品咖啡，并完成以下表格：

香气（Aroma）	
酸质（Acidity）	
苦度（Bitterness）	
回味（Aftertaste）	
口感（Mouthfeel）	
风味（Flavor）	

技术要点

项目评定指标：

香气（Aroma）是咖啡吸引人的元素，咖啡香气很多源，有花香、莓果香、焦糖香、坚果香、巧克力香、香料香等。

酸质（Acidity），好的酸质不会像醋，即使明亮活泼也可测出像柑橘、莓果或是甜柠檬等很多样的酸，也有像哈密瓜的瓜甜酸或是刚成熟苹果的清脆果酸，

以上这些酸质都是优质的；不好的酸就像未熟水果或像醋酸，有些不良酸像过熟的或是腐败的水果，这时可以测到发酵酸或是烂果酸。

苦味（Bitterness）是一种基本味觉，感觉区分布在舌根部分。深色烘焙法的苦味是刻意营造出来的，但最常见的苦味发生原因，是咖啡粉用量过多，而水太少。

回味（Aftertaste）是在啜吸咖啡后，仍停留在口腔的各种味道或香气或触感，好的风味停留得久。例如甜感，在啜吸咖啡后，仍清晰地停留在口腔甚至扩散。

口腔触感（Mouthfeel），也称口感，是属于口腔感受到的物质与触感。油脂感、黏度、质量感等都构成了口感；例如牛奶与水，前者的触感就高很多，浓汤与清汤，前者的稠度与触感远比后者高。

风味（Flavor）是香气、酸度与醇度的整体印象，可以用来形容对比咖啡的整体感觉。

咖啡所富含的香气和口感描述，请参考附录一咖啡“风味轮”。

工作记录

咖啡品鉴		
步　骤	技术要领	安全注意事项
操作流程记录		
（一）实操过程记录		
小组讨论记录：		

续表

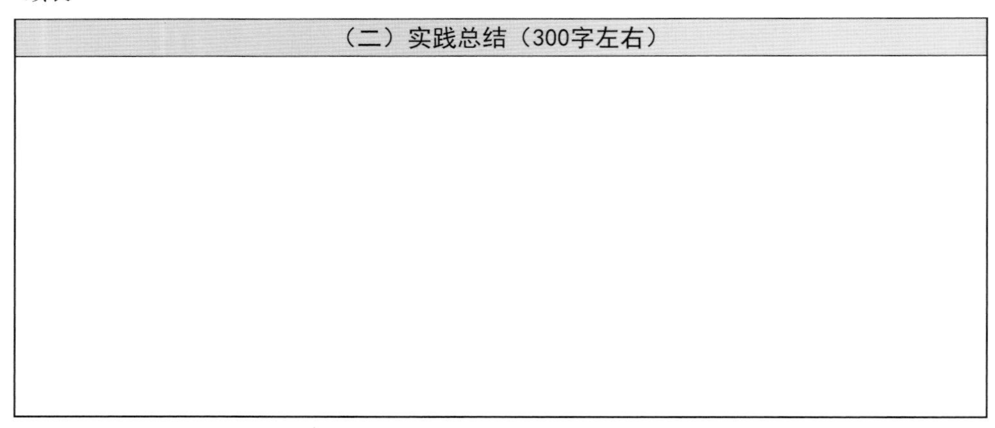

（二）实践总结（300字左右）

教师的评价（涵盖优点和缺点，注重过程性评价的分值比例）：

教师的建议：

【小　结】

哥伦比亚——仅次于巴西的世界第二大咖啡生产国，是生产“哥伦比亚Mild”的国家中的龙头老大。产地名已成为广为人知的咖啡名称，像是美得宁、马尼萨雷斯、波哥塔、阿尔梅尼亚等都各有各的风味。咖啡豆是淡绿色的大粒型，具特有的厚重味，不管是当纯咖啡，或是混合都是非常适合。哥伦比亚咖啡树均栽种在高地，耕作面积不大，以便于照顾采收。采收后的咖啡豆，以水洗式（湿法）精制处理。哥伦比亚咖啡豆品质整齐，堪称咖啡豆中的标准豆。其豆形偏大，带淡绿色，具有特殊的厚重味，以丰富独特的香气广受青睐。口感则为酸中带甘、低度苦味，随着烘焙程度的不同，能引出多层次风味。中度烘焙可以把豆子的甜味发挥得淋漓尽致，并带有香醇的酸度和苦味；深度烘焙则苦味增强，但甜味仍不会消失太多。一般来说，中度偏深的烘焙会让口感比较有个性，不但可以作为单品饮用，做混合咖啡也很适合。

【知识拓展】

好水好咖啡

我们常喝的咖啡饮料里，绝大多数的成分是水，因此要制作一杯上好的咖啡，除了需要有好机器、好原料、好技术以外，还需要良好品质的水来配合。水对我们而言，一直是最自然也最理所当然的东西，需要它的时候，扭开水龙头就有了。但当你喝了一杯消毒水咖啡，就会让你体会出水对咖啡的重要性。

我国许多地方，由于属于石灰岩地形，水中所含钙、镁等矿物质含量极高。水中含少量钙、镁成分，会使水的味道较好，但含量过高，则对人体有负面影响，且制作咖啡时，会影响咖啡粉内物质的溶解释出，使咖啡味道又稀薄又不香。要解决并改善水质的两个方法，一是借由煮沸使矿物质沉积，也使氯气（消毒水味道的来源）挥发；另一个方法是加装活性炭过滤器，则可吸收掉大部分钙、镁等矿物质及氯气元素。

水，大约可分为“软水”与“硬水”。将溶解于水中的钠或锰换算后，酸性钠量少的是软水，量多的是硬水。一般的矿泉水大都硬度高，才能使其感到可口，而咖啡适得其反。硬水会使咖啡里形成可口原因的咖啡因或良质的宁苦味成分抽出、分解。

普通的饮料水（自来水）可转变成软水。总之不需要准备特别的水，而只要转一下龙头即可拥有非常可口的咖啡水。然而，敬请注意以下所列举的诸点：

(1) 消毒用的氯臭味太强时，应避免饮用。非无色无臭不可使用。

(2) 若味道太强时，可以慢慢加热使其沸腾，如此可除去致癌物质。

(3) 二次沸腾的水不要用来冲咖啡（早上最初的自来水与前一天取放的水要尽量避免）。

(4) 刚取的水煮沸最为适当。

(5) 使用装活性炭的过滤器与净水器也是好方法。

然而刚研磨好的咖啡粉，像活性炭一样，有过滤作用，也可以吸取恶水的臭味的效果。

经过如此地考虑后，通常就不必太过拘泥于水质。只要使用味香又新鲜的咖啡豆，即可享受可口醇美的咖啡了。

全球的咖啡产地

巴西（Brazil）：巴西是世界上最大的咖啡生产国，产量占世界总产量的30%，生产品种大多数是阿拉比卡咖啡。巴西咖啡总体特点是香味适中、口感柔滑，几乎无酸味，是拼配意大利浓缩咖啡的主要原料。由于品种繁杂，加上实行机械化采摘，晒干法处理，加工过程中难免混入大量杂质杂味，因此总体来讲巴西咖啡属于中低档产品，常作为基底材料与其他优质单品豆混合。当地最好的咖啡品种是“山度士”（Sontos）。这是以巴西主要咖啡出口港山度士港（Porto de Santos）命名的咖啡，而“山度士”中又以产自米纳斯吉拉斯州（Minas Gerais）的咖啡质量最好。

哥伦比亚咖啡（Colombia）：产自安第斯山脉的哥伦比亚咖啡，是世界上少有的以国家名称命名的咖啡，其产量约占全世界咖啡产量的12%，哥伦比亚也成为仅次于巴西的世界第二大咖啡生产国。哥伦比亚咖啡全部属阿拉比卡种，由于其优良的自然环境，加上传统的手工采摘去皮等精加工方式，保证了哥伦比亚咖啡成为世界上最优质的咖啡品牌。代表性的咖啡有：哥伦比亚特级（Supremo）、哥伦比亚特优（Excelso）、哥伦比亚优等（Extra）。哥伦比亚特级不仅来自于它品质最佳，而且咖啡豆的个体也最大。

印度尼西亚（Indonesia）：苏门答腊岛、爪哇岛和苏拉威西岛，是亚洲最早种植咖啡的地区，亚洲最大的咖啡生产国，也是世界最主要的罗布斯塔种咖啡产区。最著名的咖啡品种是苏门答腊曼特宁（Mandheling），是印尼所产少数阿拉比卡品种。

牙买加（Jamaica）：地处中美洲的牙买加是世界顶级的咖啡产地，享誉世界的蓝山咖啡（Blue Mountain）即产自此地。所谓蓝山咖啡是指产于蓝山山脉海拔609米以上地区的咖啡，其产量约占整个蓝山地区咖啡产量的15%，年产约700吨，量极低。此外，蓝山地区生产的咖啡还包括高山咖啡（High Mountain）和牙买加优等水洗咖啡（Prime Washed Jamaican)，品质虽比蓝山咖啡略逊，但也属世界高品质咖啡。

夏威夷（Hawaii）：夏威夷群岛是美国的第五十个州，也是美国唯一能种植咖啡的地区，庞大的消费市场加上适宜的自然条件，是咖啡种植业成为当地主要的经济支柱，其中著名的夏威夷可那咖啡（Kona）即产自夏威夷岛可那地区的西部和南部。

埃塞俄比亚（Ethiopia）：咖啡的原产地，目前是非洲最大的阿拉比卡豆出产国，也是世界上最重要的咖啡生产国之一。其原始的风味，令许多向往大自然的人士喜爱有加，但由于小规模的种植和落后的加工技术，使其口味十分繁杂。代表性的咖啡是哈拉尔（Harrar）。

也门（Yemen）：也门是世界上第一个把咖啡作为农作物进行大规模生产的国家，15世纪后数百年间，也门一直是欧洲咖啡的主要供应国，由于当时大量咖啡从也门的摩卡港运转欧洲，摩卡咖啡（Mocha）也逐渐成为了也门及周边地区

所产咖啡的代名词。但现在随着气候条件的恶劣，也门咖啡的产量正逐年减少，摩卡港也因泥沙的淤积而永久封闭了。

此外，世界上主要的咖啡生产国还包括：

美洲：哥斯达黎加、古巴、多米尼加、萨尔瓦多、危地马拉、海地、洪都拉斯、墨西哥、尼加拉瓜、巴拿马、波多黎各、玻利维亚、厄瓜多尔、秘鲁、委内瑞拉等。

非洲：安哥拉、布隆迪、喀麦隆、科特迪瓦、肯尼亚、马达加斯加、卢旺达、南非、坦桑尼亚、乌干达、扎伊尔、赞比亚、津巴布韦等。

亚洲：印度、菲律宾、中国、越南等。

太平洋地区：澳大利亚、巴布亚新几内亚等。

烘焙度的标示

除了产地相关的标示，最常见的是关于烘焙度的标示。生咖啡豆需要经过烘焙程序，才能释放出特有的迷人香味，咖啡的烘焙与其风味息息相关。

如果你在咖啡标签上看到意大利、维也纳、南意等标示，千万不要误以为这包咖啡豆与上述地名有任何关系——很可能没有任何关系，因为习惯上，意大利、维也纳是一种烘焙程度（或调配方式）的代名词，并不代表这是产自意大利或维也纳的咖啡（如前述，欧陆并不栽植与生产咖啡豆）。“北意”通常代表中浅程度、浅棕色、豆表未出油的烘焙；“南意”通常表示豆子表面油油亮亮、深棕色的深度烘焙；“意大利烘焙”则泛指较深程度烘焙。“法式烘焙”（French Roast）则泛指豆表颜色近黑色、带有些微焦炭风味、不带酸性的极深烘焙。维也纳、米朗其通常指由不同烘焙程度的咖啡豆混合而成的综合咖啡。

烘焙程度越深，代表焙炒的火候温度越高。一般而言，中浅程度的北意烘焙风味较为明亮轻快，可能带有水果般的酸性，苦味极低或不带苦味。深度高温烘焙的南意烘焙风味较低沉、浓郁且滑口，带有焦糖般的甘甜余韵。法式烘焙风味较为单调，可能带有些微焦炭风味，且完全不带酸性。

Light Roast
（极浅焙）

Cinnamon Roast
（肉桂烘焙）

Medium Roast
（中焙）

High Roast
（中深焙）

City Roast
（城市烘焙）

Full City Roast
（全都会烘焙）

French Roast
（法式烘焙）

Italian Roast
（意式烘焙）

模块三　咖啡制作

编前语

作为实习咖啡师的你，已经基本熟悉咖啡厅的情况及工作流程。此时你一定希望自己能有机会到吧台为客人制作完美的咖啡吧。经过本部分的学习和实操，你将会获得咖啡师最重要的核心技能。首先你会熟悉意式半自动咖啡机的基本运作原理；能够严格按照操作要求制作出合格的意式浓缩咖啡（Cafe Espresso）；你还会使用意式半自动咖啡机加工各种咖啡饮品所需要的奶泡和牛奶。作为一个合格的咖啡师，你还要学会如何收拾吧台的卫生，掌握营业前的准备和关店的程序。

项目一 意式浓缩咖啡（Coffee Espresso）制作

【学习目标】

1. 知识目标：掌握并理解影响制作浓缩咖啡的四个重要因素（研磨、粉量、夯压、流速）；

2. 技能目标：能根据检查表比较指出存在的技术问题，有效地提高咖啡制作技能；

3. 情感目标：享受意式浓缩咖啡带来的饮用和制作乐趣。

【知识链接】

1. http://www.cafetown.com.cn/culture/HTML/20060227000000_23.htm

2. 本任务中用到的关键名词：萃取、蒸煮头、咖啡手柄、研磨度、压粉器（Tamper）、克立马（Crema）

【前置作业】

请根据阅读资料，结合自己的亲身体验，用最简短的语言描述意式浓缩咖啡的主要特点，并说说它在咖啡店的重要性。

【想一想】

为什么每一个咖啡师都会有自己熟悉的研磨度?
压粉动作对意式浓缩咖啡有什么影响?
意式浓缩咖啡最佳的饮用时间和温度是多少?
影响意式浓缩咖啡质量的原因有哪些?
过度萃取和萃取不足时，对咖啡有什么影响?

【情景设计】

虽然咖啡厅的咖啡机每天都会使用，但是实习咖啡师Eric总是看到咖啡师在开业之前要花大量的时间去调试，似乎每次都是一个新的开始。他首先看到咖啡师会不断地用手触摸刚磨出来的咖啡粉，并调整磨豆机；然后又要使用秒表记录时间；还会对一个有刻度的玻璃杯里的咖啡观察很长时间；喝了制作好的咖啡后又要进一步调整磨豆机和咖啡机。

同时实习咖啡师Eric还观察到，咖啡师每一次在填装咖啡粉的时候都是非常小心的，特别是在使用压粉器压实咖啡粉的时候表情很专注，好像害怕因为小小的问题而受到惩罚一样。作为一个见习的咖啡师，实习咖啡师Eric感觉咖啡师的每一个动作都很特别，而且还对一些动作不是很理解。

【相关知识】

一、意式浓缩咖啡的定义

意式浓缩咖啡，是一种口感强烈的咖啡类型，方法是以极热但非沸腾的热水（水温约为90 ℃），借由高压冲过研磨成很细的咖啡粉末来冲出咖啡。“Espresso”是一个意大利语单词，有“on the spur of the moment”与“for you”（立即为您现煮）的意思。人们有时又将意式浓缩咖啡称为“咖啡的灵魂”，是咖啡店各种咖啡饮品的基础，可以由它来制作各种不同类型的咖啡。浓缩咖啡常作为加入其他成分（如牛奶或可可粉）的咖啡饮料基础，例如拿铁咖啡、卡布奇诺、玛奇朵以及摩卡咖啡，而不会过度稀释掉咖啡成分。

根据 *Espresso Coffee: The Chemistry of Quality* 一书的定义，意式浓缩咖啡必须符合下列条件：咖啡粉的分量（一杯），（6.5±1.58）克；水的温度，（90±5）℃；水的压力，（9±2）巴（1巴=10^5帕）；萃取时间，（30±5）秒钟。

二、意式浓缩咖啡的主要感觉指标

意式浓缩咖啡是一款非常浓烈的咖啡饮品，作为初次接触者一定会对它产生深刻的印象。作为浓缩型的咖啡，如果没有良好的品尝指引，容易让饮用者产生不良的感受。因为Espresso是非常讲究酸、甜、苦三者的和谐统一，而且这些味道的感觉是非常细腻的。一般的感受是，入口会伴有一定程度的果酸；丰富的Crema使得咖啡的口感很饱满、顺滑，能够让饮用者感受到如牛奶般的口感；咖啡的苦味会在口腔的中部或后部停留；咖啡的甜味会出现在舌根部位，但并不会很强烈。作为一个喜欢Espresso的人来说，最喜欢的是这款咖啡喝完后的强烈回甘。

但是如果咖啡师在操作过程中存在某些技术操作失误的话，就会破坏酸、苦、甜三者的和谐。这样就有可能会造成咖啡过苦、过酸或甜味不足等问题，甚至还会将咖啡里的各种味道冲煮出来，造成其他的怪味。所以，作为咖啡师来说，最艰难的工作就是通过你的操作让咖啡保持咖啡豆应有的香气，咖啡能够达到酸、苦、甜三者的平衡，还能够让咖啡油脂持久，使顾客通过饮用意式浓缩咖啡达到非常清新的感受。

咖啡的香气非常丰富，焦糖味、花香或巧克力味很浓郁，通常我们将其称之为咖啡豆原有的味道。一杯好的咖啡就像是法国红酒一样，能够让你感受到原产地的各种风味。通常很多咖啡爱好者都会去追求意式浓缩咖啡的原产地风味。

【任务实施】

与咖啡师进行交流，尝试在其帮助下自己制作出第一杯意式浓缩咖啡。

【实操物品】

本次实操中，我们将会使用到意式浓缩咖啡制作的相关物品，有意式半自动咖啡机、咖啡渣槽、磨豆机、压粉器、计时器、量杯、意式浓缩咖啡杯等，相关图示请看下表：

物品名称	实物图示（图片仅供参考）	说　明
意式半自动咖啡机（含咖啡手柄）	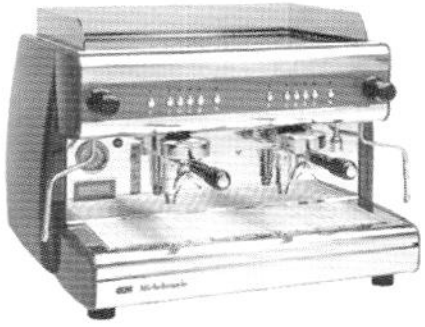 	米基罗ECM Michelangelo DS；咖啡手柄是冲煮咖啡的主要部件，通常有一杯量和两杯量的咖啡手柄之分
净水及软水系统	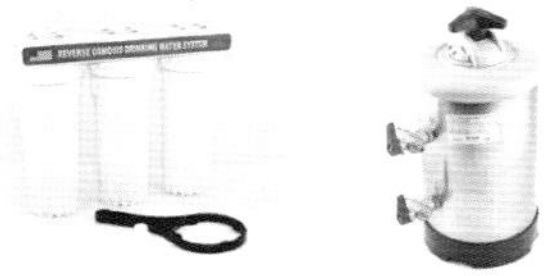	使用软化的水质才能保证冲煮的咖啡的原味，不会导致咖啡过苦或过涩
咖啡渣槽		拍打咖啡粉渣时，用力将手柄拍向中间的橡胶部分
磨豆机		磨豆机的磨盘刻度是可以调节的，咖啡师对磨豆机的理解一定要到位，拨粉动作也会影响磨豆机的保养（本部分任务四会详细介绍）
磨豆机清洁刷		清洁咖啡粉专用毛刷
大平板毛刷		清洁咖啡机周围卫生，主要是清扫咖啡粉渣

续表

物品名称	实物图示（图片仅供参考）	说　明
压粉器		压粉器的规格型号和重量会有所不同，对压粉动作有影响
计时器		
量杯		可以比较直观、准确地测量出咖啡的分量，特别是Crema的厚度
意式浓缩咖啡杯		标准的咖啡杯容量要求为60～90毫升

【任务实施】

关于学：意式浓缩咖啡的制作是一个非常细腻的过程，许多咖啡师会为制作一杯完美的Espresso而斤斤计较，甚至有人说咖啡师的一生就是为追求最完美的Espresso而努力工作的。为此，你要成为一个合格的咖啡师，掌握意式浓缩咖啡的制作技术是最重要的一项技能。首先你应该掌握意式半自动咖啡机的使用，清楚咖啡机上的每一个按钮的功能。在操作过程中，学生的重点应该从认识工作流程上升到对技术要点的认识上，特别是要学会如何评价一杯意式浓缩咖啡的好坏，还要懂得咖啡在烘焙时的各种成分对咖啡饮品的影响。这样，你才能比较准确地去调整自己的操作问题。

关于教：在实施任务时，教师可以根据教学的需要采用多角度的教学辅助工具，特别要注意对学生操作要点的回放和比较。教师在实操指导中可以通过观察咖啡汁流速、咖啡油脂以及品尝咖啡指出每一个学生在操作过程中存在的问题，也可以使用浓缩咖啡对照表辅助教学，教师还需要根据每一个步骤去寻找相关的教学资源。

➢ 工作流程

本项目任务主要分成五个步骤来完成，其中前三步属于基础性工作，是整个项目实施的前提，有利于保证咖啡的出品质量；后两步工作则属于技术型的工作，是整个项目实施的核心内容，而且要求咖啡师深入研究关键性的内容要求。

流　程	具体要求	
1. 准备工作	启动咖啡机	教师指引学生正确开启咖啡机。打开开关后，需要将咖啡机手柄轻轻地挂在蒸煮头上进行预热。 咖啡机开启需要一段的预热时间，约为10分钟，当咖啡机的仪表显示水压在1～1.5巴，气压在9～10巴时，可进行咖啡制作。 水压表：0～3巴 气压表：0～16巴
	清理磨豆机	清理磨豆机的工作是保证意式浓缩咖啡是由新鲜的咖啡豆制作而成的，使咖啡豆不会受到其他成分的污染。

续表

流　程		具体要求
2. 观察咖啡豆和周围环境	观察咖啡豆	具体观察标准任务一中已经提及，要求咖啡师按照原材料辨认程序观察咖啡豆（看、闻、摸），确认咖啡豆的新鲜程度和是否变质，确定为客人提供的原材料的主要特点。   
	测定环境参数	咖啡制作过程中，咖啡厅所处的环境也会对咖啡产生一定的影响，影响咖啡制作的环境因素有温度、湿度，但是作为初级咖啡师，无法在短时间内掌握技巧，需要不断地进行测试和实验温度、湿度对咖啡制作的影响。 温度变化：温度越高则磨豆的刻度就必须要细，反之则粗。一般而言，较好的咖啡制作环境为 18～23 ℃。 湿度变化：湿度越大，则磨豆的刻度就必须要稍粗一些，但在何种湿度环境制作咖啡才较好，没有一定的标准数据。（温度与湿度的比较，以温度为主。）
3. 调校机器（是制作完美咖啡的保障	调校磨豆机	为了一杯完美的Espresso，需要将磨豆机调试到最适合当天咖啡豆使用的研磨度。调测研磨度的基础性工作是必需的，一定要认真细致地对待。一般来说，意式浓缩咖啡所使用的研磨度是极细的研磨度，没有一个统一的标准。 在调试的过程中，咖啡师的经验是很重要的，对研磨度调整的标准来源于咖啡师对咖啡豆和环境的相关认知程度。    
	调校咖啡机	调校咖啡机的过程是对咖啡机气压和水温的测定过程。如果咖啡机蒸煮头的气压低，则可能会造成咖啡萃取时间过长，咖啡过度萃取；如果咖啡机蒸煮头的水温不足时，咖啡萃取不足。本部分的具体操作见本部分任务五的内容。

续表

流 程		具体要求
4. 制作意式浓缩咖啡	研磨咖啡豆	咖啡豆在开启包装后，就会与空气接触，并且开始散发香味，咖啡豆已经受到了影响。咖啡豆研磨后更加容易吸收空气中的水分和氧气，对咖啡的出品产生影响，所以咖啡师应该用多少咖啡粉磨多少咖啡豆，以免造成不必要的浪费。  
	冲洗机头	取下手柄时，咖啡师应该按下出水按钮冲洗冲煮头，这样有利于保持冲煮头的洁净，同时也能保证水温的稳定性。冲洗的时间一般是3～5秒的时间。 
	擦拭手柄	咖啡师围裙上应该有一块专门用来擦拭手柄的抹布，一般来说以深颜色的抹布最佳。将取下的手柄用布来擦拭干净，而且要注意咖啡手柄的温度，以免烫伤。擦拭时要注意里外都要擦拭干净，不能在手柄中遗留任何的物质，以免污染新鲜冲煮的咖啡。 

续表

<table>
<tr><th>流　程</th><th colspan="2">具体要求</th></tr>
<tr><td rowspan="3">4. 制作意式浓缩咖啡</td><td>填粉</td><td>就是将研磨好的咖啡粉填满到咖啡手柄的滤碗中。要注意适当的咖啡粉分量和工作台面的整洁度。一份Espresso需要的咖啡粉量为7克，粉量的多少会影响浓缩咖啡的口感；保持工作台面的整洁。 </td></tr>
<tr><td>压粉</td><td>压粉即为将填满的咖啡粉夯实，保证在高水压的情况下水能够同时、均匀地分布其中，保证咖啡汁的流速达到完美的状态。将手柄靠在台面，并与桌面垂直，以20磅（1磅=0.453 6千克）的力量将压粉器平稳垂直地向下压，然后旋转压粉器。 </td></tr>
<tr><td>清洁手柄</td><td>在压粉的过程中，难免会有一些咖啡粉遗留在手柄滤碗的周围，所以在开始冲煮的时候一定要将滤碗周围的咖啡粉完全清理干净。一般可使用手指将多余的咖啡粉向咖啡渣槽里清扫。 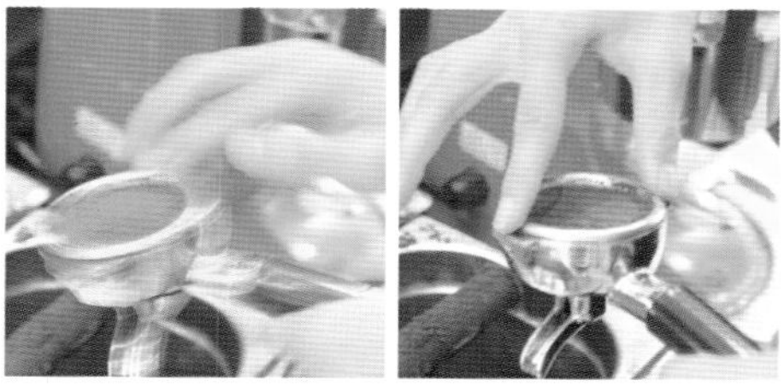</td></tr>
</table>

续表

<table>
<tr><th>流　程</th><th colspan="2">具体要求</th></tr>
<tr><td rowspan="5">4. 制作意式浓缩咖啡</td><td>立即冲煮</td><td>咖啡粉夯压好之后，要避免受到污染，咖啡手柄立即套上咖啡机准备冲煮。在套手柄时应该注意将手柄箍紧，以免热水喷洒烫伤自己。
手柄套上咖啡机后，冲煮头内的水分会令咖啡湿润，如果不立即进行冲煮的话，就会使咖啡的味道发生变化。所以套上手柄后，应该立即按下冲煮开关。</td></tr>
<tr><td>计算时间</td><td>与按蒸煮开关同步的动作是要按下计时器的“开始”按钮，以便计算冲煮的时间，熟练的咖啡师通过观察咖啡的流速和颜色来判断时间。</td></tr>
<tr><td>摆杯</td><td>按下冲煮开关后，一般的咖啡机都会有3～5秒的时间是进行咖啡的预冲煮的，咖啡汁不会迅速地流出来，咖啡师应该在这个时候将咖啡杯摆放到手柄的下方。</td></tr>
<tr><td>结束蒸煮</td><td>在20～30秒（不同的拼配咖啡豆的冲煮时间不尽相同）萃取了25～35毫升咖啡汁后，应该立即结束冲煮。</td></tr>
<tr><td>倒粉渣</td><td>将萃取好的咖啡摆上准备好的碟子上面，将手柄已经萃取了咖啡汁的咖啡粉渣用力拍打倒进咖啡粉渣槽，擦拭干净咖啡手柄，并将干净的咖啡手柄重新挂上冲煮头。</td></tr>
<tr><td>5. 提供服务</td><td>备物品</td><td>咖啡一定要保持合适温度（70 ℃左右）饮用。咖啡师应该第一时间备齐咖啡匙、糖包及小块精致的点心给客人，并用托盘为客人提供服务。如果客人喜欢快捷服务则一般会在吧台饮用完后立即付款。</td></tr>
</table>

技术要点

1. 项目评定指标

理想情况下，浓缩咖啡应该具有特别的甜味和强烈的香味，以及类似新磨咖啡粉的香气。咖啡油应该是深红棕色，口感顺滑、浓郁。完美的浓缩咖啡不需添加任何附加物便可直接饮用。加入牛奶时，还能保持轮廓清晰，不易消失。饮用后，令人愉悦的香味，能在口腔内保持一段时间。

教师可以使用下表评价Espresso的品质：

口　味	1～5分
克立马的色泽（榛子色、深褐色、微红色）、厚度/持久度	
味道平衡度（甜/酸/苦之间的和谐）	
口感平衡（圆的、平滑的、流畅的）	
合计（总分15分）	

2. 关键技术指标

(1) 研磨一定要很精确，根据咖啡豆及相关的环境标准选择正确的研磨度。

(2) 确定咖啡粉分量，每杯的咖啡所需要的咖啡粉量一定要准确地控制在7克左右。

(3) 适当地夯压，理论上所说的20磅的力量是不能准确衡量的。咖啡师应该根据咖啡豆的情况施加压力，而且要保证夯压的姿势垂直正确，而且不要敲打手柄，抛光的姿势和次数要适当。

(4) 根据咖啡的流速计算萃取时间，准确的萃取时间是20～30秒。如果低于20秒，称为萃取不足，咖啡会比较酸；如果高于30秒，则称为萃取过度，咖啡会比较苦涩。咖啡师还要培养根据咖啡汁的颜色来判断萃取时间。

工作记录

意式浓缩咖啡制作工作记录表		
步　骤	技术要领	安全注意事项
操作流程记录		

续表

（一）实操过程记录
小组讨论记录：
（二）实践总结（300字左右）

教师的评价（涵盖优点和缺点，注重过程性评价的分值比例）：

教师的建议：

【小 结】

优秀的咖啡师都会执着地追求每一杯完美的意式浓缩咖啡。但是要制作好一杯完美的意式浓缩咖啡，需要咖啡师关注每一个操作的细节问题，认真记录每一个影响咖啡品质的因素。其中精确的研磨、合适的咖啡粉量、正确的夯压以及冲煮时间的计算都是非常重要的。在本任务中要求咖啡师从每一个规范的技术动作开始熟悉制作过程，明确学会制作一杯意式浓缩咖啡不难，难的是如何通过总结来制作一杯完美的咖啡。

【知识拓展】

高压萃取咖啡技术的变化

高压萃取咖啡发明及发展于意大利，始于20世纪初。但直到20世纪40年代中期以前，它都是一种单独透过蒸汽压力制作出的饮品。据说，当时有一位工场老板Bezzera（1903），在一日下午巡视工厂时，发现大多数的工人都不见踪影。平时冷静处事的他并不立即召集所有员工点名，反而偷偷观察工人们的去处。午后时分，Bezzera走向工厂的一角，忽然间，他闻到阵阵扑鼻的咖啡香。原来，这些工人每天下午都必须喝上一杯令人上瘾的咖啡，但每泡上一杯就得花上十来分钟的时间，使得所有工人都在等待中花去大量的时间。作为工程专家的Bezzera，立刻投入咖啡萃取法的研究。他以大气压的原理加上手臂的力量，使热水在瞬间强制通过已研磨的咖啡粉。原本是想加快速度的Bezzera意外地发现，如此的萃取法反而增强了热水对咖啡粉的萃取效率，使得咖啡内部的油脂、果酸、香气等在瞬间散发出来，成为咖啡所有精华的汇集。而超短时间的萃取，反而将不好的物质留在咖啡渣内，只取最佳的30毫升。原来靠着增加热水的压力，可以使咖啡的萃取更加完美。意大利从此打开以水泵加压式萃取咖啡的历史。喜出望外的Bezzera立刻将这划时代的发明向他的好朋友Povoni推荐，Povoni毫不犹豫地以高价买下这项专利，并开始进一步研发与量产。由于当时是为了节省时间而发明的萃取法，因此这样的咖啡有一个“express”（快速）的称号，而在意大利文中“express”称之为“espresso”。

在发明弹簧瓣杠杆（spring piston lever）咖啡机并成功商业化后，将浓缩咖啡转型成为今日所知的饮品。制作过程用到的大气压力常为9～10巴。浓缩咖啡通常供应量是以“份”（shot）来计算。浓缩咖啡在化学成分上是复杂而善变的，其中许多成分会因氧化或者温度降低而分解。完美浓缩咖啡有项特点——咖啡油脂（crema）的存在，是一种榛子色（或深褐色、微红色）的泡沫，漂浮在浓缩咖啡表面。其由植物油、蛋白质以及糖类所构成。咖啡油脂具有乳剂与泡沫胶体两种元素的结合。借由短时间而高压冲煮过程，使得一杯咖啡特有的风味经浓缩后，表现得比其他咖啡物品冲煮的咖啡要强烈。不过，也因萃取的时间短使得咖啡因成分反而较少。

一颗咖啡豆所含的成分

1. 咖啡因

咖啡因是所有成分中最为人注目的。其作用极为广泛，会影响到人体的脑部、心脏、血管、胃肠、肌肉、肾脏等各部位。适量的咖啡因会刺激大脑皮质、促进感觉、判断、记忆、感情活动，让心肌机能变得较为活泼，血管扩张，血液循环增强，并提高新陈代谢机能。

咖啡因也可减轻肌肉疲劳，促进消化液分泌。除此之外，它能促进肾脏机能，将体内多余的钠离子排出体外，所以在提高利尿作用下，咖啡因不像其他麻醉性、兴奋性物质积存在体内，在两小时左右便会排泄掉。

咖啡风味中的最大特点——苦味，就是咖啡因造成的。

2. 丹宁酸

经提炼后的丹宁酸会变成淡黄色粉末，很容易溶入水中，一经煮沸，它便会分解而产生焦梧酸，使咖啡味道变差。而如果冲泡好又放上好几个小时，咖啡颜色会变得比刚泡好时浓，而且也较不够味，所以才会有“冲泡好最好尽快喝完”的说法。

影响咖啡风味：酸味、甜味。

3. 脂肪

咖啡内含的脂肪，在风味上占极为重要的角色，分析发现咖啡内含的脂肪分为好多种，而其中最主要的是酸性脂肪和挥发性脂肪：酸性脂肪是指脂肪中含有酸，其酸性的强弱会因咖啡种类不同而异；挥发性脂肪是咖啡香气的主要来源，散发40种芳香物质，是极复杂又微妙的成分。

影响咖啡风味：酸性脂肪——酸味；挥发性脂肪——香味。

4. 糖分

在不加糖的情况下，除了会感受到咖啡因的苦味、丹宁酸的酸味，还会感受到甜味，便是咖啡本身所含的糖分所造成的。咖啡豆所含的糖分约有8%，烘焙后糖分大部分会转化成为焦糖，为咖啡带来独特的褐色。

影响咖啡风味：咖啡液深褐色、香气；焦糖化后呈苦味。

5. 蛋白质

卡路里的主要来源是蛋白质，而像滴落式冲泡出来的咖啡，蛋白质多半不会溶解，所以咖啡喝得再多，摄取到的营养也是有限的，这也就是咖啡会成为减肥者圣品的缘故。

影响咖啡风味：咖啡液深褐色、香气；炭化后呈现苦味。

6. 矿物质

矿物质有石灰、铁质、硫黄、磷、碳酸钠、氯、硅等，但因所占的比例不高，所以影响咖啡的风味并不大，综合起来只会带来稍许涩味。

影响咖啡风味：涩味。

7. **粗纤维**

生豆的纤维经烘焙后会炭化。这种炭质和糖类的焦糖化互相结合，形成咖啡的色调，但化为粉末的纤维质会相当程度地影响咖啡风味。所以我们并不鼓励购买粉状咖啡，因为将无法尝到咖啡的风味。

影响咖啡风味：咖啡液深褐色、苦味。

8. **香苦酸醇**

咖啡的颜色、香气、味道，是透过在烘焙过程中发生的一些复杂的化学变化所产生的。所以生豆必须经过适当的化学程序，让它的必要成分达到最均衡的状态，才能算得上是最好的烘焙豆。

9. **香味**

咖啡香味会随热度起变化，所以烘焙时间宜尽量缩短，而且热度控制在可让咖啡豆产生有效化学构成的最低限温度，亦即以最短过程的时间和热度，让咖啡豆产生最适合的成分比。

大致上说起来，脂肪、蛋白质、糖类是香气的重要来源，而脂质成分则会和咖啡的酸苦调和，形成滑润的味道。因此香味的消失正意味着品质变差，香气和品质的关系极为密切。

意式浓缩咖啡四M因素

Macinazione：**正确的磨粉粗细**

咖啡豆研磨太粗或太细都无法泡出浓稠又美味的浓缩咖啡。咖啡粉太粗，滤碗里的咖啡缝隙太大，对水阻力不够，咖啡流速太快，容易造成萃取过度，咖啡过于焦苦。

咖啡粉粗细是否合适可从流速判知。原则上一盎司（1盎司=29.5毫升）浓缩咖啡的萃取时间控制在20～30秒之间，咖啡粉的粗细应该不致太离谱。此时从过滤碗流出的咖啡呈冲出状或水注状，15秒不到就萃取出一盎司咖啡，这表示咖啡粉太粗了，是一杯萃取不足的咖啡。如果咖啡一滴滴从过滤碗滴出，一盎司要花半分钟以上，表示咖啡粉太细了，容易萃取过度。店员要随时留意咖啡流速，并调整磨豆机来掌控正确的流速与萃取。另外，磨豆机里的咖啡粉置留时间最好不要超过半小时，以免受潮或氧化，香味尽失。

Misdeal：**咖啡豆综合配方**

意大利人不屑单品咖啡，认为单一产地的咖啡口味不均衡，必须综合各大洲咖啡才能调理出风味绝佳的浓缩咖啡。另外，意大利人为了提高饮品的浓稠度，特别添加海拔较低的罗伯斯特豆，这与北欧和美国只采用阿拉比卡豆不屑罗巴斯塔的做法大异其趣。

Macchina：**浓缩咖啡机**

浓缩咖啡一定要用浓缩咖啡机才做得好，商业用浓缩咖啡机可提供9个大气压的压力，才能萃取出咖啡的精华。浓缩咖啡机每日要做好清洁工作，以免咖啡油脂残留，产生不好的味道。

Mano：**店员的手艺**

这四大M最重要的就是店员：Barista，如果店员不懂咖啡，专业不够，再好的咖啡豆、磨豆机和咖啡机也形同废物。因此店员要有旺盛的进取心和咖啡热情，才能确保每杯饮料的品质。

在意大利大小城镇，随处可见古老的浓缩咖啡店。喝过的人会有疑问："为何意大利咖啡馆如此之多，但品质却好得出奇，优于其他国家？"这些或许与咖啡豆、磨豆机、咖啡机有关，但意大利咖啡馆最大的秘密武器，在于拥有一批训练有素、充满使命感的店员（Barista），专业程度是其他国家望尘莫及的。

Barista是意大利文，也就是英文的bartender。美国的咖啡店员每天忙进忙出，赚取最低工资。但意大利的店员却享有崇高的地位和优厚的待遇。对意大利人而言，调理咖啡是神圣的，店员调理的每一杯咖啡，犹如赛车好手驾驭一级方程式赛车、爵士乐手吹奏小号，那份专注令人感动。

对意大利店员而言，他们必须兼具多种绝活，除了要有调理各式咖啡饮料的能耐，还要亲切、善与客人交谈、重视自己的服装仪容并提供优雅的服务。他们凭借自己专业能力与手艺，赢得社会的尊敬与口碑，因此流动率低得出奇。罗马、佛罗伦萨或那波里的咖啡馆店员一签就是数十年，什么时候去，都看得到手脚麻利的熟面孔。

不同的冲煮方法使用不同的研磨度

研磨是指咖啡于冲煮前，依其冲煮器材、冲煮时间及冲煮温度，将咖啡豆磨成适当粗细，以利于"萃取"。而"萃取"是指咖啡粉能被水溶解的各种成分。"萃取法"则是指咖啡粉内芳香的成分能被水溶解出的比率。

每一种冲煮器材都有其理想的萃取时间，冲煮的时间愈短，研磨就要愈细密；冲煮时间愈长，研磨就愈粗糙，目的是避免萃取出不好的物质。咖啡豆有下列四种最基本的研磨程度。

1. **粗研磨**（Coarse Grind）

颗粒度相当于市售的粗粒砂糖，苦味轻、酸味重，最适合直接用开水煮的冲泡方法。

适宜的冲泡方法：渗滤式咖啡壶、法式滤压壶。

2. **中度研磨**（Medium Grind）

粗细程度介于颗粒砂糖与粗粒砂糖之间，最适合浸于开水中的虹吸式冲泡。

适宜的冲泡方法：虹吸式咖啡壶、滤泡式、滤纸式的滴漏冲泡法。

3. **细研磨**（Fine Grind）

粗细程度比通常市售的咖啡粉略细一点，最适合冲泡荷兰式咖啡。如要加强苦味，滴滤式冲泡也可。

适宜的冲泡方法：蒸汽加压式咖啡、摩卡壶、冰滴式（荷兰式）、滴滤式。

4. **极细研磨**（Finest Grind）

粗细程度与细白砂糖大致相当。研磨此级颗粒需要专用的研磨物品。因苦味很浓，最适合做蒸馏咖啡。具体形态还可以分成以下两种研磨：浓缩咖啡式研磨（Espresso Grind）一般研磨器很难研磨出这种质感，所以最好要有一台专业的咖啡豆研磨机；极细研磨（Turkish Grind）研磨后，颗粒粗细介于盐和面粉之间。

适宜的冲泡方法：意式蒸馏咖啡机、土耳其咖啡壶（Cezve）。

咖啡粉量的控制方法

在制作意式浓缩咖啡时，7～8克的新鲜咖啡粉是最佳的冲煮分量，对咖啡的质量有着决定性的作用，但是如何才能又快又准地进行拨粉而不造成浪费呢?

在日常情况下，通常要根据咖啡豆的特征、机器的特征、研磨的粗细度等因素，做相应的调整，毕竟只拥有以上数据的只是一杯标准的咖啡，但不一定是一杯完美的Espresso，因为咖啡更需要热情来升华。

在一些大型的意式咖啡连锁店里，通常看到他们的吧台在快速地制作一杯Espresso时，打粉的动作只在于拨一下，或两下那么简单；而一些传统的咖啡店里或比赛上，我们常常看到不同的打粉动作——有用“手刀”（即手掌边缘来刮去多余的粉），“指刀”（顾名思义指用手指的指肚刮去多余的咖啡粉，一般用食指），还有用粉仓盖子的边缘来刮粉。

其实，以上这些动作都是有着自己的道理的：

比如在生意好的店，那一定会把粉仓磨粉充分，同时设定好Doesing每格为7.5（星巴克的标准）或8克的量，那么咖啡师在制作饮料时就可以快速地获得适量的咖啡粉了，同时因为饮料的畅销，所以在咖啡粉风味走失前，已经变成了一杯Espresso了。

而“手刀”“指刀”等方式是基于这样的准则——每一个咖啡滤杯的容量都是恒定的，同时也是为了保证咖啡粉新鲜现磨原则，磨自己每次需要的粉量——

所以，让咖啡粉自然填满滤杯，然后刮去多余部分，那么一定可以获得等量的咖啡粉。可是事实上，由于个人的动作习惯不同，因此几乎每次刮剩下的咖啡粉，粉量都是各有千秋。所以在经过测试后，决定放弃，而用“粉仓盖”。利用粉仓盖的原有弧度，我们多几次练习，就一定可以得到8.5克的新鲜咖啡粉了。这样我们就不必在粉量的多少上牵绊太多。

项目二 热奶加工

【学习目标】

1. 了解奶泡制作对花式热咖啡的重要性；
2. 掌握蒸汽打奶泡技术的操作程序；
3. 能严格按照操作步骤操作，制作成功的奶泡；
4. 通过对热奶泡质感的认知，进一步深入了解咖啡文化。

【知识链接】

1. http://baike.baidu.com/view/58304.htm
2. http://www.coffeesalon.com/bbs/viewthread.php?tid=18446&page=1
3. 本任务中用到的关键名词：全脂牛奶、奶缸、蒸汽棒、牛奶旋转、吱吱声、发泡

【前置作业】

到咖啡馆体验黑咖啡与牛奶咖啡，并在下表中指出两者之间有什么不同。

饮　品	黑咖啡（Black Coffee）	牛奶咖啡（White Coffee）
香气描述		
口感描述		
风味描述		
综合感受		

注：在尝试过程中，为了保证咖啡味道的纯正性，黑咖啡请不要添加其他成分，牛奶咖啡除添加牛奶外，其余任何成分都不得添加。

【想一想】

如何才能保证不会发出难听的噪声？

奶泡很大，不容易倒出来的原因是什么？

当牛奶温度很高时，会发生什么样的问题呢？

下拉动作快慢对奶泡的发泡有什么影响？

如何理解蒸汽流量的问题？

【情景设计】

实习咖啡师Eric在咖啡厅楼面服务时，有一位客人要了一杯卡布奇诺咖啡。当Eric把咖啡送到她面前时，客人问他："你好！我想问一下，很多人都说卡布奇诺咖啡和拿铁咖啡都是牛奶加咖啡，但是我喝过这两种咖啡，我觉得很难分辨出这两种的不同。你能给我解释一下这两种咖啡在制作过程中有什么不一样吗？"Eric细想，其实他也不太清楚其内在的区别，他决定由吧台里的咖啡师来回答问题，然后他自己也可以学习到更多的东西。于是，他说："小姐，请您稍等，我们的咖啡师会为您详细解释这个问题的。"

【相关知识】

一、牛奶咖啡的起源

1683年，土耳其大军第二次进攻维也纳。当时的维也纳皇帝奥博德一世与波

兰国王奥古斯都二世订有攻守同盟，规定波兰人只要得知消息，增援大军就会迅速赶到。但问题是，谁来突破土耳其人的重围去给波兰人送信呢？曾经在土耳其游历的维也纳人柯奇斯基自告奋勇，以流利的土耳其话骗过围城的土耳其军队，跨越多瑙河，搬来了波兰军队。

奥斯曼帝国的军队虽然骁勇善战，但在波兰大军和维也纳大军的夹击下，还是仓皇退却了。走时，他们在城外丢下了大批军需物资，其中就有500袋咖啡豆——穆斯林世界控制了几个世纪不肯外流的咖啡豆就这样轻而易举地到了维也纳人手上。但是维也纳人不知道这是什么东西。只有柯奇斯基知道这是一种神奇的饮料。于是他请求把这500袋咖啡豆作为突围求救的奖赏，并利用这些战利品开设了维也纳首家咖啡馆——蓝瓶子（Blue Bottle）。

开始的时候，咖啡馆的生意并不好。原因是基督教世界的人不像穆斯林那样，喜欢连咖啡渣一起喝下去；另外，他们也不太适应这种浓黑焦苦的饮料。于是聪明的柯奇斯基改变了配方，过滤掉咖啡渣，并加入大量牛奶——这就是如今咖啡馆里常见的“拿铁”咖啡的原创版本。“拿铁”是意大利文“Latte”的译音，原意为牛奶。拿铁咖啡（Coffee Latte）是花式咖啡的一种，咖啡与牛奶交融的极致之作，意式拿铁咖啡纯为牛奶加咖啡，美式拿铁则将牛奶替换成奶泡。

二、奶泡的作用

奶泡的英文单词为“Milk Foam”，是花式咖啡中不可缺少的成分。细滑、绵密的奶泡能使咖啡浓香与其完美结合，口感丰富、芳醇；奶泡表面的张力使得咖啡师能够从容地在咖啡的表面创作出不同的艺术图案。在西方，人们将用奶泡表现图案的咖啡制作方式叫作“Latte Art”，中文的意思是咖啡拉花艺术。下图则为2010中国咖啡师冠军（CBC）莫振超创作的各种咖啡拉花作品。

三、奶泡的形成原理

奶制品可以分成全脂牛奶、低脂牛奶和豆奶，但并不是所有的奶制品都能够制作出高质量的奶泡。一般情况下，咖啡师在制作奶泡时都会选择全脂牛奶。因为牛奶之所以能够形成奶泡，与牛奶当中的成分有很大的关系。牛奶的主要成分如下图所示。

产品种类：全脂灭菌纯牛乳
配　　料：鲜牛奶

营养成分表		
项目	每100ml	NRV%
能量	280 KJ	3
蛋白质	3.1 g	5
脂肪	3.6 g	6
碳水化合物	5.0 g	2
钠	53 mg	3
钙	100mg	13
维生素A	16μgRE	2
维生素B2	0.12mg	9
磷	100mg	14

（素材取自“伊利”牌纯牛奶包装）

全脂牛奶在经过激烈的分子运动后，牛奶本身的脂肪等因素发生了物理反应，会产生膨胀的一些泡膜的形状，这就是我们所说的“奶泡”。另外由于咖啡师在制作过程中，所采取的制作方式不同，奶泡有冷的和热的。通常在咖啡店里喝的卡布奇诺，其组成主要是细滑、绵密的奶泡，50%的牛奶+50%的咖啡。

【任务描述】

根据咖啡师的描述及指导，能够制作出各种不同质感的热奶泡。

【实操物品】

本次实操中，我们使用机器制作热奶泡的相关物品包括：意式半自动咖啡机、奶缸、温度计、6 ℃的全脂牛奶、干净的抹布、平滑玻璃咖啡杯等，相关图示请看下表。

物品名称	实物图示（图片仅供参考）	说　明
意式半自动咖啡机		米基罗ECM Michelangelo DS，本次使用的部分是位于咖啡机左右两侧弯曲的小钢管，叫作蒸汽棒。
奶　缸		有人也喜欢把这种不锈钢容器叫作奶缸，不同型号和形状的奶缸可以用于不同的拉花形状的制作。

续表

物品名称	实物图示（图片仅供参考）	说　明
咖啡专用温度计		能够准确地测试出牛奶的温度，保证牛奶良好的口感。
冷藏过的全脂牛奶		可以从脂肪含量上来判断是否是全脂牛奶，全脂牛奶每100毫升中的脂肪含量要大于或等于3.4克。
抹　布		抹布尽量使用纯色的，这样有利于观察抹布的洁净度；抹布不能是全棉质的，既防止棉絮进入牛奶中，而且也不容易滋生细菌。
平滑的玻璃咖啡杯		使用透明、平滑的玻璃杯有利于观察奶泡的厚度和质感。

【任务实施】

关于学：奶泡质量的好坏直接关系到牛奶与咖啡的结合，咖啡师在制作过程中应该非常清楚制作热奶泡的意义。冲入意式浓缩咖啡中的牛奶是牛奶与奶泡高度融合的物质，这样才能有效地促进咖啡饮品的质量。建立高质量奶泡的感官标准是很重要的，同时咖啡师还要注意听、看和手部感觉器官的运用。

关于教：教师在实施任务的时候，应该抓住本任务中声音的重要性，对比成功与失败的操作声音的不同。同时要注意成本意识的培养，保证学生可以有更多的机会进行实操。教师还应该注重观察学生对蒸汽棒的定位出现的各种问题，从旁帮助学生改正操作中的错误。

工作流程

流　程		具体要求
预备工作	倒入牛奶	在600毫升奶缸（保证奶缸处于常温状态）中倒入二分之一300毫升的冷藏过的全脂牛奶。作为初学者，可以在奶缸中放入温度计。 
	空喷蒸汽	排空蒸汽棒里的水分，是为了避免蒸汽棒的水分过多影响到奶泡的质量。身体离蒸汽棒约60厘米，手不能直接接触蒸汽棒不锈钢部分，以免烫伤。 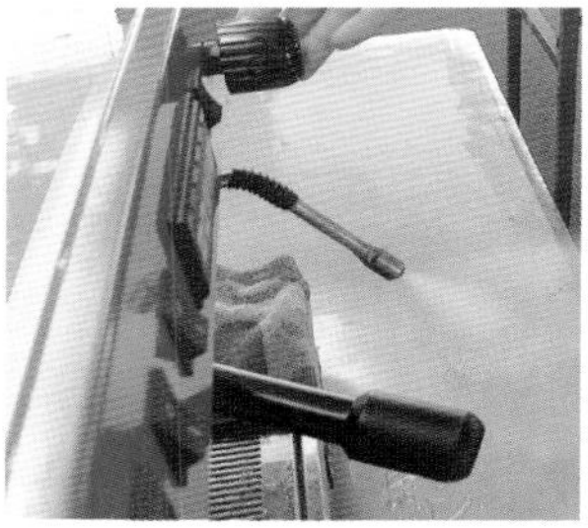
	蒸汽棒进入牛奶	蒸汽棒靠近奶缸壁（但不要贴紧），喷头进入牛奶约0.7厘米，与牛奶面成40°夹角。保证喷嘴在牛奶下面，以防牛奶喷溅出来。 

续表

流　程		具体要求
奶泡的打发	打开蒸汽阀门	将蒸汽阀开到适中的位置，一般是旋转2～3次即可。不能直接将蒸汽阀开启到最大。开启阀门后，将开启阀门的手放到奶缸的底部感受牛奶的温度。 
	牛奶的旋转	调整各种角度，使牛奶在奶缸中充分旋转，保证与空气能够持续结合，制作出细致绵密的奶泡。 
	下拉奶缸	看到牛奶旋转后要缓慢地将奶缸向下拉，保证牛奶充分发泡。 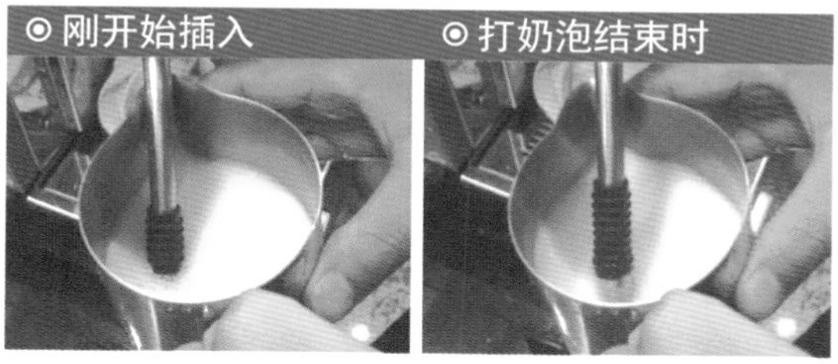 ⊙刚开始插入　⊙打奶泡结束时
	上提奶缸	当牛奶温度在70 ℃时，将奶缸迅速向上提起，使蒸汽棒插入奶缸中，但蒸汽棒不能接触缸底，蒸汽关闭后再将奶缸取出。 

续表

流　程	具体要求	
奶泡制作完成	擦拭蒸汽棒	将半干湿抹布折成多层包住蒸汽棒，开启蒸汽阀门排气，并擦拭蒸汽喷头，擦拭干净后取下抹布，关闭蒸汽阀门，将蒸汽棒放回原位，再排一次气。 
	晃动奶泡或者静置	如果遇到奶泡稍微有点大的问题，可以先在桌子上轻轻敲击奶缸，再使用手腕的力度顺时针旋转直至牛奶泡呈现出亮人的光泽，表面的奶泡细腻均匀方可。同时这种动作也能保证牛奶跟奶泡始终融合在一起，不会分离出来。 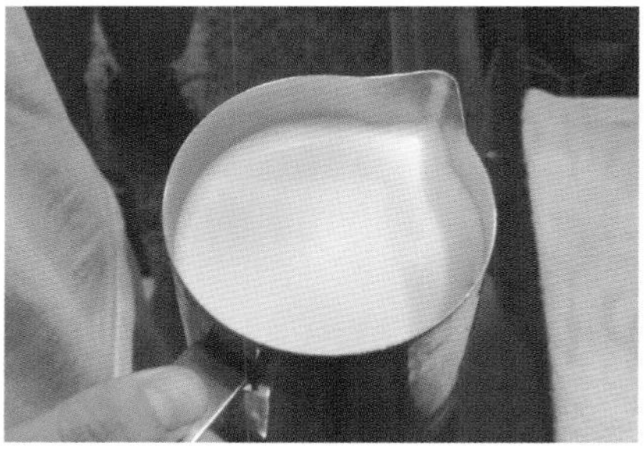

技术要点

1. 项目评定指标

第一个判断的因素是制作过程中是否有柔和的“吱吱”声，不会出现非常难听的噪声。

最终的判断因素是奶泡应该具有奶油一样的黏稠度，奶泡表面有亮丽的光

泽，没有不规则的大泡泡，倒出来时能够很流畅。奶泡与牛奶高度融合后，入口非常顺滑丰满，能够有效地与意式浓缩咖啡融合，提升咖啡的香气。

2. 关键技术指标

可以使用下列表格来判断学生的技术动作的熟练性及关键技术动作的解决能力。

	是	否
操作流程（学生使用）		
选择冷冻的牛奶和冷奶缸		
牛奶分量准确		
打奶泡前空喷蒸汽管		
蒸汽棒的插入位置靠近杯壁		
打奶泡后清洁蒸汽管（无奶渍残留）		
打奶泡后空喷蒸汽管		
晃动热牛奶		
关键技术的处理（教师使用）		
	分数（1～5分）	
牛奶旋转的程度		
牛奶旋转后手向下缓慢拉动（动作的稳定性）		
牛奶的温度控制技术		
打奶泡收尾的动作迅速		

➢ 工作记录

<table>
<tr><th colspan="3">热奶制作工作记录表</th></tr>
<tr><th>步　骤</th><th>技术要领</th><th>安全注意事项</th></tr>
<tr><td>操作流程记录</td><td></td><td></td></tr>
<tr><th colspan="3">（一）实操过程记录</th></tr>
<tr><td colspan="3">小组讨论记录：</td></tr>
<tr><th colspan="3">（二）实践总结（300字左右）</th></tr>
<tr><td colspan="3"></td></tr>
</table>

教师的评价（涵盖优点和缺点，注重过程性评价的分值比例）：

教师的建议：

【小 结】

热奶泡的制作过程是一个不断总结经验的过程。首要的判断因素是声音是否正确，如果声音出现了柔和的“吱吱”声就是成功的制作奶泡的声音。咖啡师必须控制好蒸汽的流量；把握好蒸汽棒进入的位置、深度和奶缸的角度的准确度；保持下拉动作的稳定性；控制好牛奶的温度（70 ℃左右）。

【知识拓展】

意式半自动咖啡机蒸汽制作奶泡常见问题

一、温度问题

这里所说的温度问题主要有两个：发泡的起止温度和奶泡制作完成的温度。这两个温度是非常重要的，直接关系到奶泡制作原理的掌握。

制作奶泡的牛奶需要5℃的冷藏温度，这是奶泡制作的初始温度。低温可以延长发泡时间，使泡沫更细腻。打开蒸汽阀进行奶泡制作，当牛奶的温度与人体温度一致时要停止发泡。

奶泡制作完成的温度同样需要使用手部来感觉。当手部在牛奶持续加温时感觉有些烫手，但还能忍受两三秒的时候，要停止加热，此时的牛奶温度通常是65～70℃，为了更加准确，通常会用温度计来测量。

二、角度问题

需要认识奶缸与咖啡机蒸汽管接触的“死角度”。“死角度”的定义比较复杂，就是奶缸的缸嘴抬起来后缸体要根据奶泡的转动方向随时保持同样角度的倾斜，以防止牛奶的表面过度与空气接触。

三、旋涡问题

旋涡的作用是把与空气接触的粗泡沫通过旋涡转到牛奶里面，始终保持牛奶与空气的均匀接触。旋涡有很多种状态，每种状态都需要观察并记住。要保证出现旋涡现象，蒸汽管的喷头不能太深入牛奶面下。

四、奶缸移动问题

喷头与牛奶奶面刚接触就要打开蒸汽阀，此时奶缸要非常缓慢地向下移动。同时会听到“哧哧”的声音，是蒸汽与奶液“剪切”所发出的声音，俗称“进气声”。保持进气状态到牛奶与人体温度相同的时候，“哧哧”声就不能再出现；否则，牛奶表面会有特别大的粗奶泡。

此时，应该把奶缸上移一点，让蒸汽喷头离开剪切面，保证听不到“哧哧”声即可。通过调整奶缸角度，而不是喷头与表面的位置，找到旋涡，把发泡阶段的粗泡沫转至牛奶里面，保持手势至温度到达规定的温度（65～70℃）即可。

五、蒸汽量问题

制作奶泡时，喷嘴一接触奶面，就全部打开蒸汽阀吗？从牛奶的发泡规律来看，全部打开蒸汽阀门不是太可取，但两段式蒸汽阀门的除外。

由于气压在锅炉里形成后，不管阀门打开多大，蒸汽都是以同样的压力往外喷，只是气量有差别而已，因此，只需将阀门打开到能够正常打奶泡的范围就可以，没必要全开。这样咖啡机的蒸汽阀门就会更加长寿。如果你的咖啡机仅需朝开的方向拧三下（切记，是三下，而非三圈），就能够喷出足够用于打奶泡的蒸汽量，那么你就一直用这个方法操作咖啡机蒸汽阀门。

六、杀猪般的尖叫声问题

当牛奶没有发泡过程，或发泡量非常少时，就会产生这种声音。直接原因是喷头太深入牛奶表面以下。避免出现的方法是把奶缸往下移，使喷头不要深入牛奶表面太多，此声音就马上消失，也就会出现“哧哧”声。

七、蒸汽控制力问题

不管用多大的气压都能够打出质量非常好的奶泡。但是必须要有一个前提：用600毫升的中号奶缸，制作适量的奶泡，用于制作WBC标准的两杯奶泡厚度在1厘米的Cappuccino。如何使两杯卡布奇诺咖啡的奶泡厚度一致呢？一定要深刻地了解制作好的奶泡在缸中所处的状态和分量。

八、奶泡量的控制问题

奶泡量的控制主要包括以下几个方面：

1. 奶泡发泡程度

奶泡发泡程度最难练习的是控制力。控制力要求操作者有很强的理解能力，能完全理解牛奶发泡的原理。

最简单可行的控制方法是：靠中比靠边强，靠上比靠下强。就是喷嘴越靠近奶缸中部（但尽量不要在中间点），发泡越多、越强烈；越靠近缸壁（但不要太挨着缸壁），奶泡量越少。喷嘴在第一个温度到达前越靠近液面，发泡越多，反之亦然！

牛奶的发泡量是可以控制的。想打七分满，绝不打九分满；做一杯出品，绝不打两杯的奶泡量出来；每次做出来的卡布奇诺咖啡在奶泡质量方面一定是一致的。

另外，对控制力的练习有“三点一线”的理论在里面。“三点”分别是缸嘴、缸把与喷头，三点在一条直线上，通过调节1号点与2号点的距离，实现奶泡程度的控制。

2. 奶泡表面干净度

虽然对奶泡的理解达到一定程度后，角度问题已经不重要了，但对于初学者来说，“死角度”的原理要掌握。在比赛中，国内外多届冠军的奶泡角度都是有共同点的。

项目三　咖啡厅吧台卫生控制

【学习目标】

1. 掌握咖啡厅吧台卫生标准要求，能够高效、细致地进行吧台卫生的操作；

2. 能够独立承担咖啡厅开业及关门的工作，为咖啡师、客人提供卫生舒适的环境。

【知识链接】

1. 郭光玲.咖啡师手册[M].北京：化学工业出版社，2008.

2. 本任务中用到的关键名词：光亮、清新、规整、有序

【前置作业】

采访一位咖啡师，填写下列表格的内容。

工作时间	工作内容	注意事项
营业前		
营业中		
营业后		

【想一想】

如何防止咖啡渍残留？

如何养成自觉保持吧台清洁的习惯？

各种咖啡厅污渍该如何清洗，如咖啡渍、糖浆渍、油渍？

【情景设计】

实习咖啡师Eric总是开门时见到咖啡师最早出现在咖啡厅的吧台，并且比较忙碌地进行工作，而且他的工作也很有条理性。工作的过程中，咖啡师还很主动地将自己周围的卫生弄好，并且始终保持一种最好的形象面对客人。下班之前，咖啡师也是最迟离开咖啡厅的，因为他总是很仔细、认真地对吧台的卫生进行检查，并一丝不苟地进行清洁工作。看来，要作为一名优秀的咖啡师，搞好卫生工作也是不可缺少的品质。

【相关知识】

一、咖啡师容易犯的卫生错误

咖啡师如果在工作中卫生意识差，不注重处理卫生细节问题，是对客人的消费和健康的不尊重。许多咖啡师在制作咖啡的时候只为制作咖啡而制作咖啡，对于卫生的问题往往会忽略。咖啡师容易犯的卫生错误主要有：

(1) 抹布使用混乱。一块抹布既抹操作台，又抹咖啡机和蒸汽棒上的牛奶，更有甚者还会用来抹咖啡杯。

(2) 咖啡杯和咖啡囊的清洁较为随意。不注重使用清洁剂及百洁布清洗咖啡杯，将水淋淋的咖啡杯放到咖啡机上面或消毒柜中。

(3) 使用过的配料摆放随意或不密封好，也不清理不常用的配料。

(4) 不清洁咖啡杯碟。由于客人有时不使用咖啡杯碟，看似干净的碟子拿回去不清洁，二次使用。

(5) 营业结束不清洁磨豆机和咖啡机。由于咖啡厅的工作一般都会持续到比较晚，因此经常比较粗心，没有处理剩余的咖啡渣。

(6) 咖啡渣桶经常残留咖啡渣，致使咖啡渣过夜，惹出很多蚊虫。

(7) 将咖啡粉随意撒到地上，不清洁吧台范围的地板卫生。

(8) 随意清洁奶缸，致使奶缸中残留大量的奶渍，导致奶缸发臭。

(9) 使用过的抹布清洗不干净、不消毒。

(10) 不定期清理冰箱，导致冰箱中有异味。

(11) 不检查工作台的死角，导致到处都有咖啡渍，日积月累不容易清洗。

(12) 将咖啡渣随意排入下水道，导致下水道堵塞。

(13) 工作台的物品摆放混乱，这样导致物资管理混乱。

二、咖啡师的职责

(1) 根据销售状况每月从食品仓库领取所需原辅料。

(2) 按每日营业需要从仓库领取咖啡杯、银器、棉织品、水果等物品。

(3) 清洗咖啡杯及各种用具、擦亮玻璃杯、清理冰箱。

(4) 清洁咖啡店各种家具，拖抹地板。

(5) 将清洗盘内的冰块加满以备营业需要。

(6) 摆好各类原辅料及所需的饮品以便工作。

(7) 准备各种装饰水果，如柠檬片、橙角等。

(8) 将空瓶、罐送回管事部清洗。

(9) 补充各种原辅料。

(10) 营业中为客人更换烟灰缸。

(11) 从清洗间将干净的咖啡杯取回咖啡店。

(12) 将咖啡、配料、牛奶放入冰箱保存。

(13) 在营业中保持咖啡店的干净和整洁。

(14) 把垃圾送到垃圾房。

(15) 补充鲜榨果汁和浓缩果汁。

(16) 准备白糖水以便调咖啡时使用。

(17) 供应各类咖啡及饮料。

(18) 使各项出品达到咖啡厅的要求和标准。

(19) 每月盘点原辅料。

【任务描述】

尝试自己独立负责咖啡厅的开店和关店工作，并进行一天工作的记录。

【实操物品】

本次实操中，我们要建立相关的模拟实操氛围，包括咖啡厅模拟氛围、清洁工具及物品、各种原材料，相关图示请看下表。

物品名称	实物图示（图片仅供参考）	说　明
模拟咖啡厅或模拟酒吧设备		保证能够获得真实的工作环境，最好能够通过模拟经营的模式来检验学生的工作能力。
清洁剂		各种类型的清洁剂能够有效地起到去污、消毒的作用，有时还需要一些抛光剂来保持吧台的整洁。
咖啡杯		各种不同型号的咖啡杯也能很好地让学生进行模拟的实操。
卫生清洁工具		百洁布、拖把、长柄毛刷、长柄杯刷等都是吧台清洁卫生不可缺少的工具。
抹布		抹布尽量使用纯色的，这样有利于观察抹布的洁净度；抹布不能是全棉质的，既防止棉絮进入牛奶中，而且也不容易滋生细菌。

续表

物品名称	实物图示（图片仅供参考）	说　明
咖啡豆		在咖啡厅咖啡豆的保存是很重要的工作，还要有很好的密封塑料棒。
咖啡配料		如加入咖啡中的糖浆、巧克力酱以及制作奶茶使用的牛奶、淡奶等一些调味品及其包装。

【任务实施】

关于学：作为一个负责任的咖啡师，主动自觉地进行卫生清洁工作，是每一次教学结束或经营结束后应主动细致地去完成的。所以学生在学的过程中一定要有一种卫生的意识，能够随时进行卫生清洁工作。

关于教：教师要实施本次任务是比较难设定固定的情景的，特别需要强调对实操中随时存在的问题进行训练，同时还可以使用一些行业不规范的操作来教育自己的学生，使其做好自己的卫生清洁工作。

➢工作流程

流　程	具体要求	
营业前的卫生工作	咖啡店内的清洁工作	咖啡店内与工作台的清洁。由于每天客人喝咖啡时会弄脏或倒翻少量的咖啡在其光滑表面而形成点块状污迹，在隔了一个晚上后会硬结。清洁时先用湿毛巾擦拭后，再用清洁剂喷在表面擦抹，至污迹完全消失为止。清洁后要在桌台表面喷上蜡光剂以保护光滑面。工作台上一般用不锈钢材料，表面可直接用清洁剂或肥皂粉擦洗，清洁后用干毛巾擦干即可。

续表

流 程		具体要求
营业前的卫生工作	咖啡店内的清洁工作	冰箱清洁。冰箱内常由于堆放罐装饮料和食物使底部形成油滑的尘积块，应两周彻底清洁一次，从底部、壁到网隔层。先用湿布和清洁剂擦洗干净污迹，再用清水抹干净。 地面清洁。咖啡店柜台内地面多用大理石或瓷砖铺砌。要随时清洁地面污渍及水。 瓶装与罐装饮料表面清洁。瓶装物品在散卖或调制时，瓶上残留下的汁液会使瓶的表面变得黏滑，瓶装或罐装的汽水、饮料则由于长途运输仓储而表面积满灰尘，要每日用湿毛巾将瓶装物品及罐装饮料的表面擦拭干净以符合食品卫生标准。 杯具、工具清洁。匙、杯与工具的清洁与消毒要按照规程做，即使没有使用过的用具每天也要重新消毒。 咖啡店柜台外的地方每日按照餐厅的清洁方法去做。
	咖啡店摆设	咖啡店摆设主要是瓶装原辅料的摆设和咖啡杯的摆设。摆设要有几个原则，这就是美观大方、有吸引力、方便工作和专业性强。咖啡店的气氛和吸引力往往集中在摆设上。摆设要给客人一看就知道这是一个有品位的咖啡店，是喝咖啡享受的地方。
	咖啡制作准备	按照咖啡厅咖啡饮品制作的需要，将各种类型的咖啡杯摆放到咖啡机顶或其他方便取用的地方。 配料放在工作台前面，以备调制时使用。鲜牛奶、淡奶、菠萝汁、番茄汁等打开罐装入玻璃容器中（不能开罐后就在罐中存放，因为铁罐打开后，内壁有水分，很容易生锈引起果料变质），存放在冰箱中。橙汁、柠檬汁要先稀释后倒入瓶中备用（存放在冰箱中）。其他调制咖啡用的糖浆也要放在伸手拿得到的位置。 水果装饰物，橙角预先切好和樱桃穿在一起排放在碟子里备用，面上封上保鲜纸。

续表

流　程		具体要求
营业前的卫生工作	咖啡制作准备	咖啡杯。把咖啡杯拿去清洗间消毒后按需要放好。店台用具垫上纸巾摆放在工作台上，量杯、咖啡匙、冰夹要浸泡在干净水中。
	更换棉织品	咖啡店使用的棉织品有两种：餐巾和毛巾。毛巾是用来清洁台面的，要浸湿水用；餐巾（镜布、口布）主要用于擦杯的，要干用，不能弄湿。棉织品都只能使用一次，清洗一次，不能连续使用而不清洗。每日要将脏的棉织品送到洗衣房更换干净的。
营业中的卫生工作	咖啡杯的清洗与补充	在营业中要及时收集客人使用过的空杯，立即送清洗间消毒。不能等一群客人一起喝完后再收杯。清洗消毒后咖啡杯要马上取回咖啡店以备用。在操作中，要有专人不停地运送、补充咖啡杯。
	清理台面、处理垃圾	咖啡师要注意经常清理台面，将咖啡店台面上客人用过的空杯、吸管、杯垫收下来。一次性使用的吸管、杯垫扔到垃圾桶中，空杯送去清洗。台面要经常用湿毛巾抹，不能留有脏水痕迹。把回收的空瓶放回筛中，其他的空罐与垃圾要轻放进垃圾桶内，并及时送去垃圾间，以免时间长了产生异味。
	其他	营业中除调咖啡、取物品外，咖啡师要保持正立姿势，两腿分开站立。不准坐下或靠墙、靠台。要主动与客人交谈、聊天，以增进咖啡师与客人间的友谊，要多留心观察配料是否用完，将近用完要及时地补充；咖啡杯是否干净够用，有时杯子没洗干净有污点，要及时替换。

续表

流程		具体要求
营业后的卫生工作	清理咖啡店	营业时间到点后要等客人全部离开后，才能动手收拾咖啡店。不允许赶客人出去。先把脏的咖啡杯全部收起送清洗间，必须等清洗消毒后全部取回咖啡店才算完成一天的任务，不能到处乱放。垃圾桶要送垃圾间倒空，清洗干净，否则第二天就会因垃圾发酵而充满异味。水果装饰物要放回冰箱中保存并用保鲜纸封好。凡是开了罐的汽水和其他易拉罐饮料(果汁除外)要全部处理掉，不能放到第二天再使用。收拾好后，原材料存放柜要上锁，防止失窃。吧台、工作台、水池要清洗一遍。吧台、工作台用湿毛巾擦抹，水池用洗洁精清洗，单据表格夹好后放入柜中并上锁，钥匙由专人负责。

技术要点

咖啡厅的卫生工作中最常见的是咖啡渍的清洁工作，要防止咖啡粉及咖啡渣的随意洒落。抹布的清洁保养也很重要，每次营业中和结束后，都要详细地检查抹布是否洁净，并且要使用消毒工具将抹布清洗，与食物接触的抹布还要进行高温消毒，其他抹布要放置在通风的地方干燥。物品的摆放要规则有序，使用后的物品要归放到原来的位置，保持物品的完整和有序。所有杯具在消毒前都要抹干水分，以防止水渍和咖啡渍残留在杯中，影响视觉效果。

工作记录

咖啡厅吧台卫生控制工作记录表		
步骤	技术要领	安全注意事项
操作流程记录		

续表

（一）实操过程记录
小组讨论记录：
（二）实践总结（300字左右）

教师的评价（涵盖优点和缺点，注重过程性评价的分值比例）：

教师的建议：

【小　结】

培养学生随时清理卫生的意识，才能保持吧台的整洁有序，为客人提供舒适安全的环境。对于平时实操中出现的各种不注重卫生、乱摆乱放的行为习惯要及时制止，杜绝学生养成不检点的行为。

在开业时要注重对物品准备工作的重视程度，检查好需要使用的原材料的清洁程度，与食物接触的物品要做到卫生的万无一失。营业中，咖啡师不但是成品的制作者，同时也是卫生的责任人，不能只为制作成品而制作，应该意识到卫生也是咖啡厅出品的一个组成部分。营业结束后，咖啡师应该花更多的时间去收拾自己的制作工具和物品，以保证第二天工作时的快速性和有效性。

五常法的管理

一、五常法的定义

1. 常整理

将工作场所的任何物品区分为本周有必要与没有必要的，除了有必要的需要留下来，其他的都清除掉。

目的：腾出空间，空间活用；防止误用、误送；塑造清爽的工作场所。

注意：要有决心，不必要的物品应断然地加以处置，这是五常法的第一步。

2. 常整顿

把留下来的必须用的物品按规定位置摆放，并放置整齐，加以标示。

目的：工作场所一目了然，消除找寻物品的时间；整齐的工作环境，消除过多的积压物品。

注意：这是提升效率的基础。

3. 常清扫

将工作场所内看得见与看不见的地方清扫干净，保持工作场所干净、亮丽。

目的：稳定品质，减少工业伤害。

4. 常清洁

维持上面3S的成果。

5. 常提高

每位成员养成良好的习惯，并遵守规则。培养主动积极的精神。

目的：培养好习惯，营造团队精神。

二、怎样推行五常法运动

1. 常整理

如何区分要与不要的物品，大致可用如下的方法来区分：

(1) 不能用、不用的，废弃处理。

(2) 不再使用。

(3) 可能会再使用（一年内），很少用的，放储存室。

(4) 6个月到1年用一次的，少使用。

(5) 1个月到3个月用一次的，经常用。

(6) 每天到每周用一次的放工作场所旁边。

以上第（1）（2）项应即时清理出工作场所，做废弃处理；第（3）（4）（5）项应即时清理出工作场所，改放储存室；第（6）项留在工作场所的近处。

2. 常整顿

把不用的清理掉，留下的有限物品再加以定点定位放置。除了空间宽敞以外，更可免除物品使用时的找寻时间，且对于过量的物品也可即时处理。做法如下：

(1) 腾出空间。

(2) 规划放置场所及位置。

(3) 规划放置方法。

(4) 放置标示。

(5) 摆放整齐、明确。

效果：

(1) 要用的东西随即可取得。

(2) 不光是使用者知道，其他人也能一目了然。

3. 常清扫

工作场所彻底打扫干净，并杜绝污染源，领导者带头来做。做法：

(1) 打扫从地面、墙板到天花板的所有物品。

(2) 机器工具彻底清理。

(3) 发现脏、污问题。

(4) 杜绝污染源。

一切的组织活动都是靠人来推动的，假如“人”缺乏遵守规则的习惯，或者缺乏自主自律的精神，推行五常法易流于形式，不易持续。提升主要靠平时经常的教育训练，企业参与管理才能收到效果。常提高的实践始自内心而形之于外，由外在的表现再去塑造内心。

常整理：从心中就有“应有与不应有”的区分，并把不应有的去除的观念。

常整顿：从心中就有“将应有的定位”的想法。

常清扫：从心中就有“彻底清理干净，不整洁的工作环境是耻辱”的想法。

常清洁：心中随时保持清洁，保持做人处事应有的态度。

常提高：心中有不断地追求完善的习惯。

五常法推行技巧主要采取承包制，即将门店所有的设备、物品及场地分别承包给该门店的员工，做到每一样设备、每一件物品、每一寸场地都有专人负责，都可以找到责任人，可以进行奖惩处理。

五常法是提升个人素质的有效手段。一个人要工作顺利、生活幸福，做事就必须有条理，要有清洁的良好习惯。严格要求自己按照五常法的精神去处理生活、工作中的事情，是完善自我、迈向成功的必经之路。

项目四 咖啡机维护保养

【学习目标】

理解咖啡设备维护和保养的重要性；能够清洁磨豆机，保持磨豆机的整洁；能够清洁咖啡机，保持咖啡出品的品质；与咖啡设备建立深厚的感情，享受专业咖啡师的乐趣。

【知识链接】

1.郭光玲.咖啡师手册[M].北京：化学工业出版社，2008.

2.http://www.baristacn.com/

3.本任务中用到的关键名词：无孔滤器、清洁药粉/药片、逆洗、专业清洁刷、磨豆机毛刷。

【前置作业】

请根据网络或其他资料，了解不整洁的设备对咖啡饮品的品质会造成怎样的影响。

【想一想】

如何有效地进行咖啡机的保养工作归类管理？

什么样的水质才是最好的咖啡用水？

磨豆机的拆卸、重装会对填拨咖啡粉有影响吗？该如何来解决问题呢？

什么样的拨粉动作可以有效保护磨豆机的使用寿命？

【情景设计】

有一天，咖啡师在营业前的准备工作中，试饮一杯刚刚萃取出来的意式浓缩咖啡时，发现咖啡比往日要咸很多。

咖啡师在制作咖啡的过程中，发现怎么也制作不出标准流速的咖啡。检查研磨度没有问题，压粉的动作也没变化，水温也没有问题，但是就是不能够很好地萃取高品质的咖啡。

【相关知识】

做好一杯咖啡与设备的关系

1. 高品质的意式咖啡机很重要。应该选用内循环热交换锅炉加热冲泡咖啡的水。其主要的指标是：

(1) 冲泡器温度稳定。

(2) 负载时冲泡出口测得的泵压为9巴。

(3) 冲泡咖啡的水温度为（92±3）℃。

如果温度超出规定的范围则会出现下列问题：

咖啡会烧焦，焦味/苦涩格调和油脂几乎任何一个都会令您失望，还有泡的存在。

如果温度在此规定范围之下，咖啡可以说为淡酿造；冲泡出来的咖啡温和，味淡且无回甘，油脂的颜色太浅。

2. 好的咖啡需要有好质量的水

水为咖啡的主要成分，水加热后钙和镁离子会变成固体物，有个探测水中钙、镁、酸氢盐存在的试验，这个试验确定“水瞬时硬度因素”或“KH”最好的水硬度为3～7度。

(1) 有效处理过的水将保留其矿物质，使冲出的咖啡可口，更有利于人体消化。

(2) 这个水处理方法相当有效地减少维护和操作的成本。

(3) 新鲜的水。

3. 高品质研磨器也是冲出一杯好咖啡的重要设备保障

它是咖啡机一直以来不可缺少的使用工具，决定着研磨的质量。磨豆的粗细要一样，通过统一的研磨质量，因此Espresso平均出两杯浓咖啡的时间为25～30秒。

(1) 如果咖啡粉太细，冲泡的时间过长，冲出两杯咖啡的时间大于35秒或40秒，这样叫作冲泡时间过长，温度太高，颜色太深，苦味太重。

(2) 如果咖啡粉太粗，冲泡时间太短，冲出两杯咖啡的时间不超出20秒，这样叫作冲泡不足，味道太淡，温度太低，油脂颜色太浅。

4. 高品质的杯

一杯好的咖啡是有要求和艺术的，建议使用精细完美的陶瓷去经营最好的咖啡。咖啡杯，建议应该在40 ℃以下保温，而且咖啡杯要较为厚实（保持咖啡香气）。任何情况下，每次冲泡咖啡的分量绝不能装太满而溢出。

5. 清理

为冲出最好的咖啡，每天工作完后要清理机器，用专用清洁粉清理冲泡头是非常必要的，以便保持机器设备的正常操作和卫生标准。清洗咖啡油，每天要清理过滤固定器、蒸汽管嘴及水盘。每周要清理研磨器、容器和定量供给的容器。

【任务描述】

请与咖啡师一起检查可能存在的机器问题，并且能够进行设备的清洁工作。

【实操物品】

本次实操中，我们会使用到比较专业的设备，包括：咖啡机、咖啡手柄、无孔滤器、咖啡机专用毛刷、磨豆机清洁刷、咖啡机清洁粉、扳手，相关图示请看下表：

物品名称	实物图示（图片仅供参考）	说　明
咖啡机		米基罗ECM Michelangelo DS
咖啡手柄		
无孔滤器		英文名为Blind
咖啡机专用毛刷		

续表

物品名称	实物图示（图片仅供参考）	说　明
磨豆机清洁刷		
咖啡机清洁粉		
扳手		拆卸蒸汽棒喷嘴使用

【任务实施】

关于学：先掌握各种设备的基本构造知识，明确不洁净的设备对咖啡饮品的伤害。严格按照操作规程进行操作，防止发生安全事故。

关于教：注重对操作规程的讲解，在旁边紧跟学生的每一个操作过程，防止学生烫伤。最好不要使用洁净的设备进行清洗，清洁剂的化学成分可能会破坏咖啡机的使用，还可能会污染咖啡的出品。

工作流程

流　程		具体要求
咖啡机的清洁保养	准备工作	每日结束营业后，或不再使用咖啡机时，应先以无孔滤器盛装清洁用热水。待锁上冲泡头后，按任一萃取键2～5秒后再按停止键，并将无孔滤器中的咖啡渣及咖啡液倒出，开始清洁步骤。
	冲泡滤网拆卸	若咖啡机的冲泡头滤网为可拆卸式（中心为螺丝固定），则用起子将螺丝、滤网及分水板卸下，浸泡于清洁液中。若不可拆卸，则直接进行下一步骤。（注：专业人员才能进行此项操作。）

续表

流 程		具体要求
咖啡机的清洁保养	装无孔滤网	卸下有孔滤网，套上无孔滤网。 
	倒入咖啡机清洁粉	以无孔滤器盛装清洁药片/药粉后，加入10～15毫升热水，待溶解成专用清洁液后锁上冲泡头。 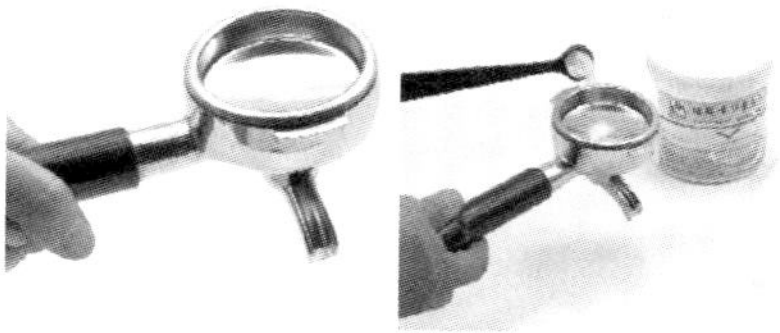
	逆流清洁	按任一萃取键2～5秒后再按停止键，重复此动作4～8次，使专用清洁液进行逆洗清洁。若咖啡机本身有自动逆洗的功能，则可借由设定完成操作。（锁上冲泡头按键）静置浸泡5～10分钟。 
	放水清洁	卸下无孔滤器，并按住任一萃取键，使管内热水流出；约施放热水3～5次，至流出的热水完全清洁后方可停止（按键放水）。 
	再次清洁	取稀释后的柠檬水取代专用清洁液，重复清洁一次。

续表

流　程		具体要求
咖啡机的清洁保养	刷洗机头	用专用刷子或待用刷子刷洗冲泡头位置，完成后用干净并醮湿的棉布擦拭冲泡头内部及外圈。 
	奶嘴及滤网的清洁	取下后的滤网、分水板、奶管喷嘴、分解后的把手及滤器可置于专用清洁溶液中浸泡，待次日或重新使用前，先以一般清洁剂清洗并浸泡于稀释柠檬水，便可再次使用。  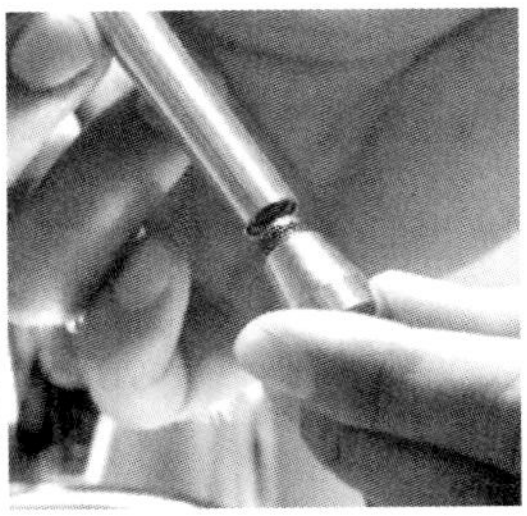 咖啡机清洁完成后，于再次使用前因担心有清洁液残留，应依照咖啡萃取程序操作一次后才可进入使用状态。
磨豆机的清洁与保养	储豆槽清洁	将咖啡豆及粉末清除后，应以棉布醮稀释酒精擦拭，待酒精挥发后才能装入咖啡豆。  

续表

流　程	具体要求	
磨豆机的清洁与保养	刻度转盘清洁	刀组拆卸后应用毛刷清除咖啡垢，并检查刀组磨损程度，决定是否更换刀组。而螺纹间的细缝更应仔细清洁，确定无粉垢后才能安装，避免机件的螺纹因安装不当造成磨损，影响功能。（注：专业人员才可拆卸刀组。）
	储粉槽清洁	先把磨豆工作的剩粉扫出储粉槽容器，由磨机出口、粉槽、储粉槽出粉口扫出（图示粉槽三个位置）；再次进行储粉槽的深入清洁，将中央轴螺丝、螺帽、轴心弹簧依序卸下，取出分量器，清洁粉槽内部及分量叶片的粉垢。（以下图示为储粉槽深入清洁的顺序步骤。）

续表

流　程		具体要求
磨豆机的清洁与保养	调整研磨度	待清洁组装完毕，倒入新鲜的咖啡豆，调整至适当刻度后，磨豆机即可恢复正常的运作功能。（图示调整刻度两个方向）。Fine为调细的方向，Coarse为调粗的方向。
软水器的保养		软水器经过一段时间的使用后，正离子树脂上的镁、钠离子吸附渐趋饱和；保养的方法是在软水器中加入氯化钠（NaCl）进行还原（一般以食盐或粗盐加入）；或选择更换软水器中的正离子树脂。 软水器还原后应测试其流出的水质是否仍含盐分；若仍有咸味，则应持续放水的动作，直到无咸味后才连接至咖啡机。 软水器可视为咖啡机的保护装置。 镁、钙离子在加热后会形成水垢，除了累积于锅炉内部，亦可能附在加热器、水位探针或温度探针上，影响加热器及咖啡机的正常运作功能。因此，定期保养软水器是绝对必要的日常工作。

（本操作流程完全按照江门诚品咖啡公司提供的资料编写，使用Quality Espresso公司的产品为例）

技术要点

本任务主要是为了保证咖啡机有良好的工作状态，能够制作出高质量的咖啡饮品。因此，日常的维护保养工作需要咖啡师养成非常良好的习惯，做到每次工作结束后都能进行咖啡机的保养工作，并且能够按照操作的规程来进行操作。在实际的工作中，要使用维护保养手册来登记咖啡机的清洁保养时间及实施的程度。每一次的操作都要及时提醒咖啡师不要造成食品卫生的安全问题。

工作记录

<table>
<tr><th colspan="3">咖啡机维护保养工作记录表</th></tr>
<tr><th>步　骤</th><th>技术要领</th><th>安全注意事项</th></tr>
<tr><td>操作流程记录</td><td></td><td></td></tr>
<tr><th colspan="3">（一）实操过程记录</th></tr>
<tr><td colspan="3">小组讨论记录：</td></tr>
<tr><th colspan="3">（二）实践总结（300字左右）</th></tr>
<tr><td colspan="3"></td></tr>
</table>

教师的评价（涵盖优点和缺点，注重过程性评价的分值比例）：

教师的建议：

【小　结】

咖啡机的保养和维护包括了对磨豆机的维护和清理、咖啡机蒸煮头及锅炉的维护、软水器的保养和清理。每一项工作都需要一定的专业技术支撑，作为咖啡师，要懂得机器的基本操作原理，不能盲目地进行机器的拆卸。在使用清洁剂的时候，千万要注意控制分量，以免对咖啡饮品造成污染。

除了要做好咖啡机的清洁之外，在平时的操作中还应该保持咖啡机内部的干爽和清洁。在咖啡机的顶部不能放置除咖啡杯、抹布以外的任何东西。在关闭咖啡机后，咖啡师还要打开蒸汽阀门，将其中的蒸汽排放掉，以免咖啡机因为压力过大而受到损害。同时，咖啡手柄也不能按照蒸煮咖啡的状态一样挂起来，要将咖啡手柄摆放好。

【知识拓展】

咖啡机专业除垢剂

这是一种适用于专业咖啡机的除垢剂，专用于洗涤半自动、全自动咖啡机内的水垢和咖啡垢的清洁剂。清洗污垢快速而彻底，对金属无腐蚀，可适用于各种水质；除菌除水垢一次性完成。

使用时，全自动咖啡机机型，每1公升清水加入两茶匙（5克）除垢剂，待溶解后，让溶液在机内流动5～10分钟或至咖啡渍完全清除为止，然后将溶液放出，用清水冲洗干净即可。专业半自动咖啡机机型，用无孔滤器盛装除垢剂后，加入10～15毫升热水，待溶解成液体后锁上冲泡头，按任意萃取键2～5秒后再按停止键，重复动作4～8次，使用专用清洁液进行逆洗清洁。

咖啡设备的清洁周期

一、每日清洁保养工作

1. 咖啡机机身清洁

每日开机前用湿抹布擦拭机身，如需使用清洁剂，请选用温和、不具腐蚀性的清洁剂将其喷于湿抹布上再擦拭机身（注意抹布不可太湿，清洁剂更不可直接喷于机身上，以防多余的水和清洁剂渗入电路系统，侵蚀电线造成短路）。

2. 蒸煮头出水口

每次制作完成后将手把取下并按清洗键，将残留在蒸煮头内及滤网上的咖啡渣冲下，再将手把嵌入接座内（注意：此时不要将手把嵌紧），按清洗键并左右摇晃手把，以冲洗蒸煮头垫及蒸煮头内侧的咖啡渣。

3. 蒸汽棒

使用蒸汽棒制作奶泡后，需将蒸汽棒用干净的湿抹布擦拭，并再开一次蒸汽开关键，用蒸汽本身喷出的冲力及高温清洁喷气孔内残留的牛奶污垢，以维持喷气孔的畅通；如果蒸汽棒上有残留牛奶的结晶，请将蒸汽棒用装入八分满热水的钢杯浸泡，以软化喷气孔内及蒸汽棒上的结晶，20分钟后移开钢杯，并重复前述第一阶段的操作。

4. 锅炉

为延长锅炉的使用寿命，如果长时间不使用机器，请将电源关闭并打开蒸汽开关，让锅炉内压力完全释放，待锅炉压力表指示为零，蒸汽不再喷出后再清洗盛水盘和排水槽。（注意：此时不要关闭蒸汽开关，等隔天开机后蒸汽棒有热水滴出时再关闭，以平衡锅炉内外压力。）

5. 盛水盘

开店前或使用前将盛水盘取下用清水抹布擦洗，待干后装回。

6. 排水槽

取下盛水盘后用湿抹布将排水槽内的沉淀物清除干净，再用热水冲洗，使排水管保持畅通。如果排水不良可将一小匙清洁粉倒入排水槽内用热水冲洗，以溶解排水管内的咖啡渣油。

7. 有孔滤器及咖啡手柄

每日至少一次将手把用热水润洗，溶解出残留在手把上的咖啡油脂及沉淀，以免蒸煮过程中部分油脂和沉淀物流入咖啡中，影响咖啡品质。

二、每周清洁、保养工作

1. 出水口

取下出水口内的蒸煮铜头及网（如果机器刚使用过注意高温烫手），浸泡（1 000毫升热水兑三小匙清洁粉）一天，用清水由铜头滤孔冲洗所有配件，并用干净柔软的湿抹布擦洗；检视铜头滤孔是否都畅通，如有阻塞，请用细铁丝或针小心清通；装回所有配件。

2. 有孔滤器及咖啡手柄

分解滤杯及滤杯把手浸泡至清洁液中（500毫升热水兑三小匙清洁粉）一天，将残留的咖啡油渣溶解（注意：手把塑胶部分不可浸泡至清洁液中，以免手把塑胶表面遭清洁液溶蚀）；用清水冲洗所有配件，并用干净柔软的湿抹布擦洗；装回所有配件。

三、每月、季清洁、保养工作

（1）滤水器。检视，更换第一道、第二道滤水器滤心，建议每月更换一次。

（2）软水器。检视、再生第三道软水器，步骤如下：将水源关闭；将第三道软水器取出清洗，放入浓度为10%的盐水中浸泡一夜。

模块四　花式咖啡饮品调制

编前语

花式咖啡是以咖啡为基底，运用多变的调制方式，融入其他原料，如牛奶、巧克力、糖、酒、茶、奶油等，把口味丰富与创意完美结合的咖啡饮品。而意式咖啡机的发明更加促进了花式咖啡的发展。这不仅因为意式咖啡机出品的浓缩咖啡（Espresso），口感顺滑醇厚，浓缩度高，非常适合用来做花式咖啡的基底，而且机器自带的蒸汽打奶泡功能也使得制作花式咖啡更加方便快捷、得心应手。作为一名咖啡师，运用意式咖啡机制作卡布奇诺咖啡（Cappuccino）是调制花式咖啡的入门操作，这不仅因为卡布奇诺是全世界的花式咖啡“冠军”，同时也是世界咖啡师大赛（WBC）指定的比赛项目，而且制作一杯完美的卡布奇诺咖啡必须兼备完美的浓缩咖啡制作技术及蒸汽打奶泡技术。

项目一　卡布奇诺咖啡（Cappuccino）调制

【学习目标】

1. 了解卡布奇诺咖啡的由来；

2. 掌握调制一杯传统的卡布奇诺咖啡的技术要点。

【前置作业】

小结前面章节中关于制作浓缩咖啡（Espresso）及蒸汽打奶泡的技术要点。

到咖啡厅去体验一杯卡布奇诺咖啡，并且描述卡布奇诺咖啡的主要特点。

【想一想】

卡布奇诺咖啡的口感特点是什么？

怎样使咖啡与牛奶完美结合，并且有丰富的奶泡在卡布奇诺咖啡的表面？

【情景设计】

实习咖啡师Eric注意到，咖啡师与客人交流中总是会问客人需要哪种类型的卡布奇诺咖啡，有时咖啡师会使用汤匙来制作卡布奇诺咖啡，还会在咖啡表面撒上巧克力粉或肉桂粉；有时咖啡师不需要使用汤匙，而是直接将牛奶冲入意式浓缩咖啡中，并且拉出各种图案。到底卡布奇诺咖啡是怎样的一种咖啡呢？

【相关知识】

卡布奇诺（意大利文：Cappuccino，又有译名“加倍情浓”），意思是意大利泡沫咖啡。创设于1525年的圣芳济教会（Capuchin）的修士都穿着褐色道袍，头戴一顶尖尖帽子，圣芳济教会传到意大利时，当地人觉得修士服饰很特殊，就给他们取个Cappuccino的名字，此字的意大利文是指僧侣所穿宽松长袍和小尖帽，源自意大利文“头巾”即Cappuccio。然而，意大利人爱喝咖啡，发觉浓缩咖啡、牛奶和奶泡混合后，颜色就像是修士所穿的深褐色道袍，于是灵机一动，就给牛奶加咖啡又有尖尖奶泡的饮料取名为卡布奇诺（Cappuccino）。英文最早使用此字的时间在1948年，当时旧金山一篇报导率先介绍卡布奇诺饮料，一直到1990年以后，才成为世人耳熟能详的咖啡饮料。卡布奇诺咖啡是一种将意大利特浓咖啡和蒸汽泡沫牛奶相混合的意大利咖啡。传统的卡布奇诺咖啡是三分之一浓缩咖啡、三分之一蒸汽牛奶和三分之一泡沫牛奶。特浓咖啡的浓郁口味，配以润滑的奶泡，颇有一些汲精敛露的意味。撒上了肉桂粉的起沫牛奶，混以自下而上的意大利咖啡的香气，新一代咖啡族为此而心动不已。它有一种让人无法抗拒的独特魅力，起初闻起来时味道很香，第一口喝下去时，可以感觉到大量奶泡的香甜和酥软，第二口可以真正品尝到咖啡豆原有的苦涩和浓郁，最后当味道停留在口中，你又会觉得多了一份香醇和隽永……卡布奇诺咖啡不愧为世界的花式咖啡"冠军"。

【任务实施】

制作两杯传统的卡布奇诺咖啡，其中一杯撒上少许的肉桂粉或巧克力粉。

【实操物品】

本项目任务中会使用到：意式咖啡机；电动磨豆机；压粉器；咖啡渣槽；奶缸；汤匙；抹布；180毫升的卡布奇诺杯具两套；咖啡勺；Espresso拼配咖啡豆；全脂牛奶。

物品名称	实物图示（图片仅供参考）	说　明
意式半自动咖啡机		米基罗ECM Michelangelo DS，本次使用的部分是位于咖啡机左右两侧弯曲的小钢管，叫作蒸汽棒。
奶缸		有人喜欢把这种不锈钢的容器叫作奶缸，不同型号和形状的奶缸可以用作不同的拉花形状的制作。
咖啡渣槽		拍打咖啡粉渣时，用力将手柄拍向中间的橡胶部分。

续表

物品名称	实物图示（图片仅供参考）	说　明
磨豆机		磨豆机的磨盘刻度是可以调节的，咖啡师对磨豆机的理解一定要到位，拨粉动作也会影响磨豆机的保养（本部分任务四会详细介绍）。
冷藏过的全脂牛奶		可以从脂肪含量上来判断是否是全脂牛奶，全脂牛奶每100毫升中的脂肪含量要大于或等于3.4克。
深烘焙的新鲜咖啡豆（意大利咖啡豆）		
抹布		抹布的使用尽量要是纯色的，这样有利于观察抹布的洁净度；抹布不能是全棉质的，防止棉絮进入牛奶中，而且也不容易滋生细菌。
180毫升的卡布奇诺咖啡杯、碟		根据世界咖啡师大赛，卡布奇诺咖啡杯的规格应为160～180毫升。
西餐汤匙		往咖啡中冲入牛奶时使用。

【任务实施】

关于学：分小组制作卡布奇诺咖啡，每小组三名同学，一名同学负责上机操作，另外两名同学在一旁根据技术及感官评价表打分。

关于教：教师在本任务实施过程中，应该注意提醒学生注重牛奶与奶泡的质量，特别是在制作传统型的卡布奇诺咖啡时，要提醒学生向咖啡中倒入奶泡的时机，防止咖啡、牛奶与奶泡分层，影响咖啡饮品的质量。

➢ 工作流程

流　程	步　骤	具体要求
准备工作	预热卡布奇诺咖啡杯	在摆放咖啡杯的时候，一般要求咖啡师将咖啡杯把摆在统一方向，为了保持咖啡杯的温度，通常还会在咖啡杯上盖上一块餐布，利用咖啡机锅炉的温度加热咖啡杯。（热饮用热杯，冷饮用冷杯。）  咖啡杯的温度一般稍微比人体的温度高一点，通常在40～45 ℃。
	准备需要物品	巧克力粉或巧克力酱的调制； 从冰箱中拿出冷冻的牛奶； 准备好至少4块抹布。
咖啡制作	按照意式浓缩咖啡的制作方法制作咖啡	用意式咖啡机制作两杯浓缩咖啡，各30毫升。 

续表

流　程		具体要求
牛奶技术	制作奶泡及热牛奶	将200～230毫升的冷牛奶倒入奶缸中，用咖啡机的蒸汽功能加热牛奶及打奶泡（蒸汽打奶泡技术参照前面的章节）。   
成品制作	咖啡与牛奶的完全融合，制作出外形合格的卡布奇诺咖啡	将制作好的热牛奶和奶泡混合均匀；  用汤匙隔开奶泡，将热牛奶先倒入浓缩咖啡中；  

续表

<table>
<tr><th>流　程</th><th colspan="2">具体要求</th></tr>
<tr><td>成品制作</td><td>咖啡与牛奶的完全融合，制作出外形合格的卡布奇诺咖啡</td><td>待加到杯子的七八分满时，用汤匙将奶泡徐徐刮入杯中；  
尽量使奶泡置于杯中央并呈圆形，且高出杯口0.5厘米。  
通常在国外的咖啡厅中，客人喜欢在卡布奇诺咖啡的表面撒下一些粉末，以增加咖啡的不同口味和风味，同时也能够通过这种粉末来装饰咖啡的表面。例如撒上少许的肉桂粉或巧克力粉。  </td></tr>
</table>

技术要点

Cappuccino技术及感官评价表

操作技巧评判：1～5分			是	否
对磨豆机的理解		加咖啡粉前清洁滤器		
磨豆/倒豆过程中没有喷洒和浪费		清洁滤器手把（扣上机头前）		
正确地填压咖啡粉		冲洗泡头		
Shot 1：　　sec		立即冲煮		
Shot 2：　　sec		冲泡时间（20～30秒）		
	/15			/5
牛奶：1～5分			是	否
清洁奶壶		打奶泡前空喷蒸汽管		
奶壶的清空/清洁		打奶泡后清洁蒸汽管		
		打奶泡后空喷蒸汽管		
	/10			/3
卡布奇诺的口味：1～5分			是	否
视觉正确的卡布奇诺		4杯卡布奇诺是否一起奉上		
奶泡厚度/持久度		其他（茶匀、糖等）		
温度（不冷不热）		杯具选择是否正确		
味道平衡度（牛奶/浓缩咖啡的平衡）				
	/20			/3

工作记录

卡布奇诺咖啡制作工作记录表

步　骤	技术要领	安全注意事项
操作流程记录		

续表

（一）实操过程记录
小组讨论记录：
（二）实践总结（300字左右）

教师的评价（涵盖优点和缺点，注重过程性评价的分值比例）：

教师的建议：

【小　结】

“Cappuccino”是意大利最负盛名的花式咖啡，目前正风靡全世界！名称由来：在意大利人看来，热牛奶和浓咖啡混合后的牛奶帽盖，很像教堂僧侣所穿戴的连帽长袍。而卡布奇诺最令人陶醉的便是那细致温暖的牛奶泡沫，温柔地包裹着咖啡的热度，让你回味无穷。

香、甜、浓、苦的滋味，充分表现了意式热情与浪漫，值得你在慵懒的午后，舒舒服服来上一杯！

一杯卡布奇诺咖啡是由意式浓缩咖啡、牛奶、奶泡三部分组成，意式浓缩咖啡是由拼配咖啡豆制成的约30毫升的饮品。水温在90.5～96 ℃，气压在

8.5～9.5帕，萃取时间在20～30秒。冲煮时，流出来的咖啡应该类似蜂蜜般黏稠，成品应该呈现出醇厚的克立玛。一杯卡布奇诺讲究浓缩咖啡、经蒸汽加热的牛奶和奶泡三者之间的和谐平衡。一杯传统的卡布奇诺容量为150～180毫升，带有杯把和内径为圆形的瓷杯盛装，奶泡厚度要求2厘米左右。

【知识拓展】

您可知道卡布奇诺可以干喝也可以湿喝吗?

所谓干卡布奇诺（Dry Cappuccino）是把大量的蒸汽奶泡加入浓缩咖啡之中所制成的饮品，这种调制方法使得饮品的奶泡较多，牛奶较少，喝起来咖啡味浓过奶香。而湿卡布奇诺（Wet Cappuccino）则指奶泡较少，牛奶量较多的做法，奶香盖过浓郁的咖啡味，适合口味清淡者。湿卡布奇诺的风味和时下流行的拿铁差不多，或把它比喻为用较浓稠的奶泡所制作的咖啡拿铁，很多时候会以拉花的形式来表现（如图示）。一般而言，卡布奇诺的口味比拿铁来得重。如果您是重口味，不妨点卡布奇诺或干卡布奇诺，您如果不习惯浓郁的咖啡味，可以点拿铁或湿卡布奇诺。

项目二 热跳舞拿铁咖啡(Hot dancing latte)调制

【学习目标】

1. 了解拿铁咖啡的由来；
2. 掌握调制一杯热跳舞拿铁咖啡的技术步骤。

【前置作业】

小结前面章节中关于制作浓缩咖啡（Espresso）及蒸汽打奶泡的技术要点。

自己上网了解拿铁咖啡的历史由来。

【饮品文化】

拿铁（Latte）在意大利语意思是鲜奶。在英语的世界，泛指由热鲜奶所冲泡的咖啡。而法语单词Lait与意大利语单词Latte同义，都是指牛奶。Coffee Latte，就是所谓加了牛奶的咖啡，通常直接翻译为“拿铁咖啡”。至于法文的Cafe au Lait就是咖啡加牛奶，一般人则称为“欧蕾咖啡”。

直到20世纪80年代，拿铁咖啡一词才在意大利境外使用。一般的拿铁咖啡的成分是三分之一的意式浓缩咖啡Espresso加三分之二的热鲜奶和一层薄奶泡。与卡布奇诺相比，它有更多鲜奶味道。

拿铁咖啡是意大利浓缩咖啡与牛奶的经典混合，意大利人也很喜欢把拿铁作为早餐的饮料。意大利人早晨的厨房里，照得到阳光的炉子上通常会同时煮着咖啡和牛奶。喝拿铁的意大利人，与其说他们喜欢意大利浓缩咖啡，不如说他们喜欢牛奶，也只有Espresso才能给普普通通的牛奶带来让人难以忘怀的味道。

【任务实施】

调制一杯热跳舞拿铁咖啡，注重奶泡、咖啡、热牛奶的分层处理，以满足客人享受咖啡口感和口味的变化。

【实操物品】

本项目任务中会使用到：意式半自动咖啡机；电动磨豆机；压粉器；咖啡渣槽；奶缸；汤匙；抹布；380～400毫升的玻璃拿铁咖啡杯；咖啡勺；Espresso拼配咖啡豆；全脂牛奶。

物品名称	实物图示（图片仅供参考）	说　明
意式半自动咖啡机		米基罗ECM Michelangelo DS，本次使用的部分是位于咖啡机左右两侧弯曲的小钢管，叫作蒸汽棒。
奶缸		有人喜欢把这种不锈钢的容器叫作奶缸，不同型号和形状的奶缸可以用作不同拉花形状的制作。
咖啡渣槽		拍打咖啡粉渣时，用力将手柄拍向中间的橡胶部分。
磨豆机		磨豆机的磨盘刻度是可以调节的，咖啡师对磨豆机的理解一定要到位，拨粉动作也会影响磨豆机的保养（本部分任务四会详细介绍）。
冷藏过的全脂牛奶		可以从脂肪含量上来判断是否是全脂牛奶，全脂牛奶每100毫升中的脂肪含量要大于或等于3.4克。
深烘焙的新鲜咖啡豆（意大利咖啡豆）		

续表

物品名称	实物图示（图片仅供参考）	说　明
抹布		抹布的使用尽量要是纯色的，这样有利于观察抹布的洁净度；抹布不能是全棉质的，既防止棉絮进入牛奶中，而且也不容易滋生细菌。
380～400毫升的玻璃拿铁咖啡杯		必须是耐热的玻璃杯，一般的冷饮杯是不允许在这里使用的。 采用透明玻璃杯可以有很好的观感。
搅拌棒		将牛奶、咖啡和糖浆搅拌均匀，形成良好的咖啡口感。

【任务实施】

★ 预热玻璃咖啡杯（容量为380～400毫升）。

★ 将大约150毫升的牛奶加热至65～70℃，倒入已加进15毫升果糖的玻璃杯中至四五分满，用搅拌棒轻轻搅匀。

★ 将大约150毫升的冷牛奶倒入奶缸中，用咖啡机的蒸汽功能加热牛奶及打奶泡（蒸汽打奶泡技术参照前面章节）。

★ 将打好的奶泡用汤匙徐徐刮入玻璃杯中至七八分满。

★ 用意式咖啡机制作双份浓缩咖啡Double Espresso（60毫升）。

★ 将浓缩咖啡沿着玻璃杯的内壁慢慢注入。稍过片刻，咖啡会停留在热牛奶和奶泡的中间，形成上下波动的状态。时间再长一点，还会形成分几层的效果，如图示。

工作记录

<table>
<tr><th colspan="3">热跳舞拿铁咖啡制作工作记录表</th></tr>
<tr><th>步　骤</th><th>技术要领</th><th>安全注意事项</th></tr>
<tr><td>操作流程记录</td><td></td><td></td></tr>
<tr><th colspan="3">（一）实操过程记录</th></tr>
<tr><td colspan="3">小组讨论记录：</td></tr>
<tr><th colspan="3">（二）实践总结（300字左右）</th></tr>
<tr><td colspan="3"></td></tr>
</table>

教师的评价（涵盖优点和缺点，注重过程性评价的分值比例）：

教师的建议：

【小　结】

热跳舞拿铁咖啡的调制，注重了奶泡、咖啡、热牛奶分层效果的处理。分层效果靠的是牛奶加果糖增加比重，蒸汽打出细腻绵密的奶泡降低比重，注入浓缩咖啡时手法要轻要缓。饮用热跳舞拿铁咖啡时，可以从最上层的奶泡品起，喝几口后，也可用咖啡勺搅匀后再品，享受咖啡口感和口味的变化。

【知识拓展】

用奶泡壶制作手工奶泡

（1）将牛奶倒入奶泡壶中，分量不要超过奶泡壶的1/2，否则制作奶泡的时候牛奶会因为膨胀而溢出来。

（2）将牛奶加热到60 ℃左右，但是不可以超过70 ℃，否则牛奶中的蛋白质结构会被破坏。注意！盖子与滤网不可以直接加热。（如制作冰奶泡则将牛奶冷却至5 ℃左右。）

（3）将盖子与滤网盖上，快速抽动滤网将空气压入牛奶中，抽动的时候不需要压到底，因为是要将空气打入牛奶中，所以只要在牛奶表面动作即可；次数也不需太多，轻轻地抽动30下左右即可。

（4）移开盖子与滤网，用汤匙将表面粗大的奶泡刮掉，留下的就是绵密的热（冰）奶泡了。

项目三　摩卡奇诺咖啡（Mochaccino）调制

【学习目标】

1. 了解摩卡咖啡的特点；
2. 掌握调制一杯摩卡奇诺咖啡的技术要点。

【前置作业】

小结前面章节中关于制作浓缩咖啡（Espresso）及蒸汽打奶泡的技术要点。

自己上网了解摩卡咖啡与摩卡奇诺咖啡的特点及区别。

【饮品文化】

摩卡咖啡（又名莫加或者摩卡，英文是 Cafe Mocha，意思是巧克力咖啡）是意式拿铁咖啡（Cafe Latte）的变种。和经典的意式拿铁咖啡一样，它通常是由三分之一的意式浓缩咖啡（Espresso）和三分之二的热牛奶配成，不过它还会加入少量巧克力。巧克力通常会以巧克力糖浆或即溶巧克力粉的形式添加。摩卡咖啡表面通常还会添加一些发泡奶油、肉桂粉或可可粉作为装饰并且增加风味。

而在美国或某些欧洲国家，摩卡奇诺（Mochaccino）是摩卡咖啡（Mocha）与卡布奇诺咖啡（Cappuccino）的混合，通常指加入了巧克力的意式卡布奇诺。

【任务实施】

调制一杯380～400毫升的摩卡奇诺咖啡。

【实操物品】

意式咖啡机；电动磨豆机；压粉器；敲粉盒；奶缸；茶匙；长勺；380～400毫升容量的耐热玻璃咖啡杯；杯垫；咖啡勺；Espresso拼配咖啡豆；全脂牛奶；巧克力粉。

【任务实施】

★ 预热玻璃咖啡杯（容量为380～400毫升）。

★ 将大约230毫升的冷牛奶倒入奶缸中，并加入3茶匙的巧克力粉，搅拌均匀。

★ 用咖啡机的蒸汽功能加热混合了巧克力粉的牛奶及打奶泡。

★ 用意式咖啡机制作双份浓缩咖啡Double Espresso（60毫升），倒入玻璃杯中。

★ 往玻璃杯中注入混合了巧克力粉的热牛奶至七分满，用汤匙添加奶泡至满杯，如图示。

工作记录

摩卡奇诺咖啡制作工作记录表		
步　骤	技术要领	安全注意事项
操作流程记录		

续表

（一）实操过程记录
小组讨论记录：
（二）实践总结（300字左右）

教师的评价（涵盖优点和缺点，注重过程性评价的分值比例）：

教师的建议：

【小　结】

摩卡奇诺（Mochaccino）是摩卡咖啡（Mocha）与卡布奇诺咖啡（Cappuccino）的混合，通常咖啡与巧克力的组合便称为摩卡。也可以将热鲜奶与奶泡换成发泡奶油，然后再撒上巧克力屑搭配肉桂棒。

【知识拓展】

摩卡咖啡的名字起源于位于也门的红海海边小镇摩卡。这个地方在15世纪时垄断了咖啡的出口贸易，对销往阿拉伯半岛区域的咖啡贸易影响特别大。

摩卡也是一种“巧克力色”的咖啡豆（来自也门的摩卡），这让人产生了在咖啡中混入巧克力的联想，并且发展出巧克力浓缩咖啡饮料。在欧洲，“摩卡咖啡”既可能指这种饮料，也可能仅仅指用摩卡咖啡豆泡出来的咖啡。

有种摩卡的变种是白摩卡咖啡（White Cafe Mocha)，用白巧克力代替牛奶和黑巧克力。除了白摩卡咖啡之外，还有一些变种是用两种巧克力糖浆混合，它们有时被称为“斑马”（Zebras），也有时会被滑稽地叫作“燕尾服摩卡”（Tuxedo Mocha）。

项目四　皇家咖啡（Royal Coffee）调制

【学习目标】

1. 了解皇家咖啡的历史由来；
2. 掌握调制一杯皇家咖啡的技术要点。

【前置作业】

小结前面章节中关于制作浓缩咖啡（Espresso）及蒸汽打奶泡的技术要点。

自己上网了解皇家咖啡与爱尔兰咖啡的特点及区别。

【饮品文化】

据说在拿破仑远征苏俄时，因遭遇酷寒冬天，于是命人在咖啡中加入白兰地以取暖，因而发明了这道皇家咖啡。皇家咖啡后来即随拿破仑威名流传开来。刚冲泡好的皇家咖啡，在舞动的蓝白火焰中，猛然蹿起一股白兰地的芳醇，勾引着期待中的味觉。雪白的方糖缓缓化为诱人的焦香甜味，再混合浓浓的咖啡香，小口小口品啜着，苦涩中略带丝丝的甘醇，将法兰西的高傲、幽雅、浪漫完美演绎，确有皇家风范。

在咖啡中加入酒品，是咖啡的另一种品尝方法。咖啡与白兰地、伏特加、威士忌等各种酒类的调配都非常适合，与白兰地相调配尤其适合。白兰地一般是将葡萄酒发酵，再次蒸馏而制成的酒，其与咖啡的调和苦涩中略带甘甜的口味，不仅是男士的最爱，也深受女士的欢迎。

【任务描述】

皇家咖啡调制方法简单，咖啡出品快，既散发出美酒、咖啡的醇香，又让客人领略到咖啡的浪漫与情趣，集美味与观赏性于一身，深受咖啡爱好者的喜爱。

请根据“任务实施”中的步骤调制一杯皇家咖啡。

【实操物品】

意式咖啡机或虹吸壶；电动磨豆机；180毫升皇家咖啡杯；皇家咖啡勺；杯垫；咖啡勺；打火机；拼配咖啡豆或单品咖啡豆；方糖；白兰地酒。

【任务实施】

★ 预热皇家咖啡杯（容量为180毫升）。

★ 制作综合咖啡或单品咖啡150毫升，倒入皇家咖啡杯中。（可用意式咖啡机制作浓缩咖啡45毫升，再加热水至杯子的八分满；或用虹吸壶制作150毫升的单品咖啡。）

★ 在咖啡杯口上架上一支皇家咖啡勺，然后放一颗方糖于勺内。

★ 让白兰地沿着方糖上方倒入小勺内，使方糖充分浸透白兰地。

★ 大约过两分钟后在方糖上点火，使白兰地徐徐燃烧，让方糖随着火焰慢慢熔解。

★ 待酒精完全挥发后，将小勺放入杯内搅拌均匀即成一杯皇家咖啡，如图所示。

工作记录

皇室咖啡调制工作记录表		
步　骤	技术要领	安全注意事项
操作流程记录		

续表

（一）实操过程记录
小组讨论记录：
（二）实践总结（300字左右）

教师的评价（涵盖优点和缺点，注重过程性评价的分值比例）：

教师的建议：

【小 结】

皇家咖啡的调制诀窍：用皇家咖啡勺横架在杯口，上放方糖，以白兰地淋湿方糖后点火燃烧，搅拌后即可饮用。特色：具有高贵而浪漫的情调，白兰地醇醇的酒香四溢，十分迷人。味道甘醇，具有白兰地醇美的酒香。最适合的饮用时间是夜晚。

许多创新的皇家咖啡都是在此调制基础上演变而成，这种传统的调制方法可以广泛地运用于燃烧琴酒、威士忌、白兰地等烈酒，并根据个人的喜好加入到冰/热咖啡之中。

【知识拓展】

花式咖啡的调制形式和饮品口味千变万化，创意十足。以下是一些花式咖啡饮品的制作方法，供参考。

咖啡饮品	配　方	主要制作方法
薄荷咖啡	热咖啡120毫升 鲜奶油适量 绿薄荷15毫升	将咖啡倒入杯中，再挤上一层鲜奶油，淋上绿薄荷即可。
瑞士摩卡可可咖啡	热咖啡120毫升 鲜奶60毫升 巧克力膏15毫升 鲜奶油适量 巧克力米少许	将鲜奶及巧克力膏加热搅拌混匀，倒入杯中，咖啡煮好倒入杯中，挤上一层鲜奶油，再加入巧克力米即成。
康宝兰咖啡	意大利浓缩咖啡120ml毫升 冰奶油1小片	咖啡煮好倒入杯中，加入冰奶油即成。
玛其哈朵咖啡	意大利浓缩咖啡120毫升 鲜奶200毫升	将鲜奶倒入奶泡壶中，加热至50 ℃后打成奶泡，咖啡煮好倒入杯中，以酒吧长匙挖2大匙奶泡入杯中即成。
维也纳咖啡	热咖啡120毫升 鲜奶油适量 巧克力米、七彩米少许	咖啡煮好倒入杯中，挤上一层鲜奶油，再加入巧克力米及七彩米即成。
爱因斯坦咖啡	意大利咖啡120毫升 鲜奶油适量	咖啡煮好倒入杯中，挤上一层鲜奶油，再加入巧克力米即成。
巴西利亚咖啡	综合热咖啡120毫升 鲜奶油适量 蜂蜜15毫升	咖啡杯中倒入蜂蜜，咖啡煮好倒入杯中，挤上一层鲜奶油即成。
爪哇摩卡咖啡	综合咖啡120毫升 白砂糖4克 巧克力膏15毫升 奶油球1个	咖啡煮好倒入杯中，加入白砂糖及巧克力膏，最后倒入奶油球即成。

续表

咖啡饮品	配　方	主要制作方法
爱尔兰咖啡	综合咖啡120毫升 鲜奶油适量 爱尔兰威士忌15～30毫升 方糖1颗	咖啡煮好倒入杯中，挤上一层鲜奶油。先将爱尔兰咖啡酒杯洗净擦干，放在咖啡架上，点燃酒精灯烘干水汽。将爱尔兰威士忌倒入酒杯中，略微摇动杯子，让酒液沾满杯中，在酒杯中放入1颗方糖，再将酒杯放在咖啡架上，将酒温热。点火于酒杯中，火着了之后，再将酒倒入咖啡杯即成。
冰拿铁跳舞咖啡	冰咖啡120毫升 果糖30毫升 鲜奶100毫升	咖啡煮好后以外缩法冷却备用；杯中加入冰块、果糖、鲜奶，以酒吧匙稍搅拌；再以吧匙挡住咖啡冲力，徐徐将咖啡倒入杯中。
冰摩卡咖啡	摩卡浓咖啡60毫升 巧克力酱少许 果糖30毫升 鲜奶15克	高脚玻璃杯中放入冰块，加入鲜奶至六分满，再加入糖水均匀搅拌；另取杯子倒进咖啡，加入少许巧克力酱搅拌均匀；将咖啡倒入玻璃中，上层加上鲜奶油（忌廉）；撒上巧克力饼干屑，再将巧克力饼干斜插在杯缘。
三合一冰咖啡	冰咖啡120毫升 果糖30毫升 奶粉150毫升	咖啡以外缩法冷却备用；摇壶中加入冰块、冰咖啡、果糖、奶粉，摇晃15下即可倒入杯中。
南国之秋冰咖啡	冰咖啡120毫升 果糖30毫升 香草雪糕两匙	咖啡以外缩法冷却备用；将碎冰、咖啡、果糖、一匙雪糕加入搅拌机中，以低速搅拌10秒倒入波纹杯中，挖一匙雪糕加入杯内即可。

续表

咖啡饮品	配　方	主要制作方法
奥雷冰咖啡	冰咖啡120毫升 果糖30毫升 鲜奶120毫升	咖啡以外缩法冷却备用；将果糖倒入杯中，之后再加入冰块，倒入鲜奶，最后再倒入冰咖啡。
拉姆冰咖啡	冰咖啡120毫升 果糖30毫升 蓝柑酒30毫升	咖啡以外缩法冷却备用；杯中加入冰块，再加入果糖，再加入蓝柑酒，最后倒入冰咖啡即可。
彩虹冰咖啡	冰咖啡120毫升 蜂蜜15毫升 鲜奶油适量 红糖水10毫升 草莓雪糕1支	咖啡以外缩法冷却备用；将蜂蜜加入咖啡中以吧匙稍搅拌，杯中倒入红糖水及冰块，再倒入冰咖啡，挤一圈鲜奶油，加上雪糕即可。
魔幻飘浮冰咖啡	冰咖啡120毫升 果糖30毫升 巧克力膏15毫升 巧克力雪糕 鲜奶油适量	咖啡煮好加入果糖搅拌均匀，以外缩法冷却备用；将巧克力膏倒入杯中，再倒入冰咖啡；挤一圈鲜奶油，加上雪糕，撒少许七彩米即可。
飘浮冰咖啡	冰咖啡120毫升 果糖30毫升 鲜奶油适量 香草雪糕	咖啡以外缩法冷却备用；将果糖加入咖啡中，以吧匙稍稍搅拌；将冰块倒入杯中，再倒入冰咖啡；挤一圈鲜奶油，加上雪糕即可。
咖啡浮舟	冰咖啡120毫升 白砂糖8克 鲜奶油适量 巧克力雪糕3小球	咖啡煮好，加入8克白砂糖搅拌均匀冷却备用。将碎冰倒入杯中，再倒入冰咖啡，挤上一层鲜奶油，放上巧克力雪糕，最后撒些白砂糖点缀即成。
拉丁冰咖啡	冰咖啡120毫升 果糖30毫升 鲜奶油适量 绿薄荷30 毫升	杯中加入碎冰，倒入冰咖啡；挤一圈鲜奶油，淋入绿薄荷即可。

续表

咖啡饮品	配　方	主要制作方法
南国恋曲冰咖啡	冰咖啡120毫升 椰奶120毫升 鲜奶油适量	咖啡煮好后以外缩法冷却备用；在果汁杯中倒入椰奶及冰块；将冰咖啡沿着杯缘慢慢倒入杯中，让椰奶和咖啡之间有一条清楚的界线；将发泡鲜奶油以螺旋的方式挤在咖啡表面，最后将玉米脆片放在鲜奶油上作为装饰。
椰香冰咖啡	冰咖啡120毫升 巧克力膏30毫升 果糖15毫升 椰奶30毫升	咖啡煮好后，将全部材料倒入摇壶中，摇晃约15下后倒入杯中，撒上巧克力米即可。
摩卡霜冻咖啡	冰咖啡120毫升 鲜奶120毫升 适量可可粉 糖浆30毫升	将冰块倒入果汁机内，加入材料，盖上果汁机，启动开关，使冰块搅碎并混合均匀即成。

附录一

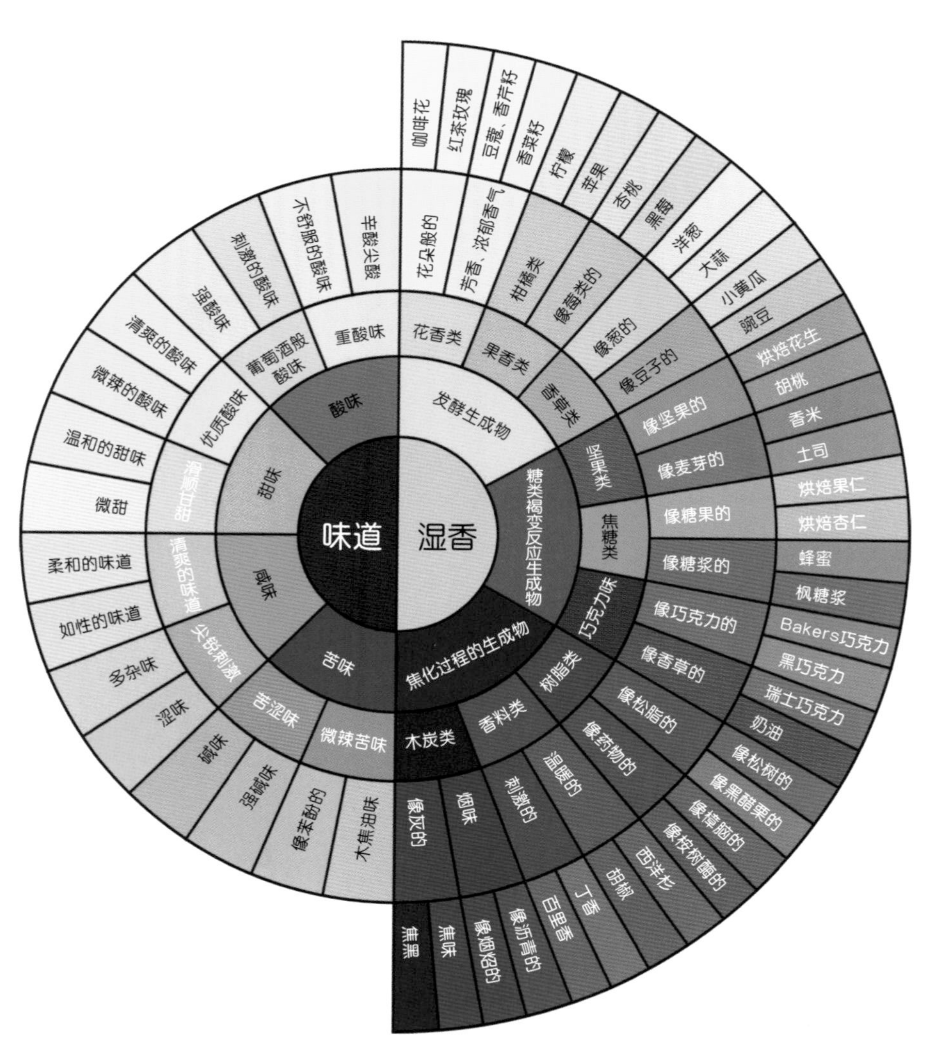

图1　咖啡的香气种类

附录二

coffeegeek.com

Cupping Form for Evaluating Coffee

Cupper Name: ______________________ Date: ____________

Coffee & Type	Aroma Comments	Acidity	Flavour	Balance, Overall Notes	Score (informal)
		Mouthfeel	Aftertaste		Add +50
				Cupper's Points	Cupper adj. ±
Coffee & Type	Aroma Comments	Acidity	Flavour	Balance, Overall Notes	Score (informal)
		Mouthfeel	Aftertaste		Add +50
				Cupper's Points	Cupper adj. ±
Coffee & Type	Aroma Comments	Acidity	Flavour	Balance, Overall Notes	Score (informal)
		Mouthfeel	Aftertaste		Add +50
				Cupper's Points	Cupper adj. ±
Coffee & Type	Aroma Comments	Acidity	Flavour	Balance, Overall Notes	Score (informal)
		Mouthfeel	Aftertaste		Add +50
				Cupper's Points	Cupper adj. ±

Cupping Notes:
Score aroma, acidity, flavour, mouthfeel, and aftertaste from 1 to 10 (note, specialty coffee should never score less than a 5 in any of these, and almost no coffee gets a 10). Add 50 to the score, then add or remove up to 5 "cupper's points" in the final box. Extra space is provided to mark down specific comments and notes about the coffee being evaluated.

图2　简单咖啡杯测图表

Aromas（香气描述）

• Animal-like — This odour descriptor is somewhat reminiscent of the smell of animals. It is not a fragrant aroma like musk but has the characteristic odour of wet fur, sweat, leather, hides or urine. It is not necessarily considered as a negative attribute but is generally used to describe strong notes.

• Ashy — This odour descriptor is similar to that of an ashtray, the odour of smokers' fingers or the smell one gets when cleaning out a fireplace. It is not used as a negative attribute. Generally speaking this descriptor is used by the tasters to indicate the degree of roast.

• Burnt/Smoky — This odour and flavour descriptor is similar to that found in burnt food. The odour is associated with smoke produced when burning wood. This descriptor is frequently used to indicate the degree of roast commonly found by tasters in dark-roasted or oven-roasted coffees.

• Chemical/Medicinal — This odour descriptor is reminiscent of chemicals, medicines and the smell of hospitals. This term is used to describe coffees having aromas such as rio flavour, chemical residues or highly aromatic coffees which produce large amounts of volatiles.

• Chocolate-like — This aroma descriptor is reminiscent of the aroma and flavour of cocoa powder and chocolate (including dark chocolate and milk chocolate). It is an aroma that is sometimes referred to as sweet.

• Caramel — This aroma descriptor is reminiscent of the odour and flavour produced when caramelizing sugar without burning it. Tasters should be cautioned not to use this attribute to describe a burning note.

• Cereal/Malty/Toast-like — This descriptor includes aromas characteristic of cereal, malt, and toast.

• Earthy — The characteristic odour of fresh, wet soil or humus.

• Floral — This aroma descriptor is similar to the fragrance of flowers. It is associated with the slight scent of different types of flowers including honeysuckle, jasmine, dandelion and nettles. It is mainly found when an intense fruity or green aroma is perceived but rarely found having a high intensity by itself.

• Fruity/Citrus — This aroma is reminiscent of the odour and taste of fruit. The perception of high acidity in some coffees is correlated with the citrus characteristic. Tasters should be cautioned not to use this attribute to describe the aroma of unripe or overripe fruit.

• Grassy/Green/Herbal — This aroma descriptor includes three terms which are associated with odours reminiscent of a freshly-mown lawn, fresh green grass or herbs, green foliage, green beans or unripe fruit.

• Nutty — This aroma is reminiscent of the odour and flavour of fresh nuts (distinct from rancid nuts) and not of bitter almonds.

• Rubber-like — This odour descriptor is characteristic of the smell of hot tyres, rubber bands and rubber stoppers. It is not considered a negative attribute but has a characteristic strong note highly recognisable in some coffees.

• Spicy — This aroma descriptor is typical of the odour of sweet spices such as cloves, cinnamon and allspice. Tasters are cautioned not to use this term to describe the aroma of savoury spices such as pepper, oregano and Indian spices.

• Tobacco — This aroma descriptor is reminiscent of the odour and taste of tobacco but should not be used for burnt tobacco.

• Winey — This terms is used to describe the combined sensation of smell, taste and mouthfeel experiences when drinking wine. It is generally perceived when a strong acidic or fruity note is found. Tasters should be cautioned not to apply this term to a sour or fermented flavour.

• Woody — This aroma descriptor is reminiscent of the smell of dry wood, an oak barrel, dead wood or cardboard paper.

Taste（味觉描述）

• Acidity — A basic taste characterised by the solution of an organic acid. A desirable sharp and pleasing taste particularly strong with certain origins as opposed to an over-fermented sour taste.

• Bitterness — A primary taste characterised by the solution of caffeine, quinine and certain other alkaloids. This taste is considered desirable up to a certain level and is affected by the degree of roast brewing procedures.

• Sweetness — This is a basic taste descriptor characterised by solutions of sucrose or fructose which are commonly associated with sweet aroma descriptors such as fruity, chocolate and caramel. It is generally used for describing coffees which are free from off-flavours.

• Saltiness — A primary taste characterised by a solution of sodium chloride or other salts.

• Sourness — This basic taste descriptor refers to an excessively sharp, biting and unpleasant flavour (such as vinegar or acetic acid). It is sometimes associated with the aroma of fermented coffee. Tasters should be cautious not to confuse this term with acidity which is generally considered a pleasant and desirable taste in coffee.

Mouthfeel（口感描述）

• Body — This attribute descriptor is used to describe the physical properties of the beverage. A strong but pleasant full mouthfeel characteristic as opposed to being thin.

• To an amateur coffee taster, body can be compared to drinking milk. A heavy body is comparable to whole milk while a light body can be comparable to skim milk.

• Astringency — The astringent attribute is characteristic of an after-taste sensation consistent with a dry feeling in the mouth, undesirable in coffee.

【参考文献】

[1] Jon Thorn.咖啡鉴赏手册[M].上海：上海科学技术出版社·香港万里机构，2000.

[2] 蒋馥安.经典咖啡[M].辽宁：辽宁科学技术出版社，2003.

[3] 许心怡，林梦萍.遇见一杯好咖啡[M].北京：中国建材工业出版社，2002.

[4] 高碧华.品味咖啡[M].北京：中国宇航出版社，2003.

[5] 小池康隆，顾方曙.经典咖啡手册[M].南京：江苏科学技术出版社，2007.

[6] 林莹，毛永年.爱上咖啡[M].北京：中央编译出版社，2007.

[7] 王松谷.咖啡·点心[M].汕头：汕头大学出版社，2006.

[8] 郭光玲.咖啡师手册[M].北京：化学工业出版社,2008.

[9] Dr. A. Illy. Espresso Coffee:The Chemistry of Quality[M]. Academic Press, 1995.

[10] 圣地淘沙咖啡西餐网，www.Senditosa.com/sdts9.

[11] 咖啡小镇，www.cafetown.com.cn.